数字液压缸建模仿真及测试

马长林　李　锋　著
高运广　刘有力

西安电子科技大学出版社

内 容 简 介

本书以数字液压缸为研究对象，探索了数字液压缸建模与仿真的多种途径和方法，可为机电液高度集成系统的建模与仿真分析提供借鉴参考。

全书共分为 6 章。第 1 章主要介绍数字液压技术及发展，数字液压缸的机理及特点。第 2 章主要介绍阀控非对称液压缸建模过程，液压系统建模原理，机电液系统仿真分析软件及多领域协同仿真方法等基础知识。第 3 章主要讨论典型数字液压缸机理建模过程及 Simulink 仿真分析方法。第 4 章主要讨论基于 AMESim 的数字液压缸建模仿真的多种思路与实现途径。第 5 章主要探讨基于 ADAMS 与 AMESim 实现数字液压缸协同建模与仿真的方法。第 6 章主要探讨数字液压缸性能优化、试验系统设计与测试方法等。

本书可作为高等院校机械、流体专业高年级本科生和研究生的参考书籍，也可供相关专业领域科研与工程技术人员参考使用。

图书在版编目(CIP)数据

数字液压缸建模仿真及测试/马长林等著. —西安：西安电子科技大学出版社，2020.9

ISBN 978 - 7 - 5606 - 5839 - 1

Ⅰ. ①数⋯　Ⅱ. ①马⋯　Ⅲ. ①液压缸—系统建模②液压缸—系统仿真　Ⅳ. ①TH137.51

中国版本图书馆 CIP 数据核字(2020)第 151240 号

策划编辑　刘小莉
责任编辑　于文平
出版发行　西安电子科技大学出版社(西安市太白南路 2 号)
电　　话　(029)88242885　88201467　　　邮　　编　710071
网　　址　www.xduph.com　　　　　　　电子邮箱　xdupfxb001@163.com
经　　销　新华书店
印刷单位　陕西天意印务有限责任公司
版　　次　2020 年 9 月第 1 版　2020 年 9 月第 1 次印刷
开　　本　787 毫米×1092 毫米　1/16　印张 8.75
字　　数　201 千字
印　　数　1~1000 册
定　　价　35.00 元
ISBN 978 - 7 - 5606 - 5839 - 1/TH

XDUP 6141001 - 1

＊ ＊ ＊如有印装问题可调换＊ ＊ ＊

前　言

液压传动与控制已经成为服务于各行各业技术装备的集传动、控制和检测为一体的综合自动化技术。随着计算机技术和电子技术的飞速发展，数字液压技术也得到了快速发展。与传统的电液伺服液压系统相比，数字液压系统具有控制技术先进、抗干扰能力强、控制精度高、同步性能好、响应速度快、对油液的清洁度要求低等诸多优点。

数字液压缸也称数控油缸，是一种内建闭环、使用开环的系统工程级单一液压元件，利用其可将脉冲转换为精密的功率驱动，实现微米级的控制精度，其成功地把液压技术与数字技术结合起来，实现了液压传动的数字化控制、远距离控制和智能控制，具有控制精度高、结构简单、控制方便等优点，是液压技术数字化的典型范例。

数字液压缸将一个集流体、机械、电气、自动化等多专业的系统，化繁为简成为一个具有数字化控制特性、高效集成且独立化的元件。目前对数字液压缸的稳定性、快速性和准确性以及系统应用的性能等仍处于不断探索阶段，而仿真分析是必要的辅助手段，通过仿真数据的分析评价，为数字液压缸的性能优化提供理论依据，有利于进一步提高数字液压缸及系统应用的工作性能。

本书结合作者多年来对液压系统建模与仿真，尤其是近年来在数字液压技术方面的研究成果，以数字液压缸为研究对象，一方面旨在探索数字液压缸建模与仿真的多种途径和方法，另一方面也为类似的机电液一体化集成系统的建模与仿真分析提供借鉴参考。

全书共分为 6 章。第 1 章绪论，主要介绍数字液压技术及发展，数字液压缸的机理及特点。第 2 章数字液压缸建模仿真分析基础，主要介绍阀控非对称液压缸建模、液压系统建模原理与方法、机电液系统仿真分析软件及多领域协同仿真方法等基础知识。第 3 章数字液压缸机理建模及 Simulink 仿真分析，主要讨论典型数字液压缸机理建模过程，分别得到其传递函数模型、非线性模型，并探索基于 Simulink 对数字液压缸的性能进行仿真分析的方法。第 4 章数字液压缸 AMESim 建模与仿真分析，主要讨论基于 AMESim 仿真软件平台实现数字液压缸建模仿真的途径，提出多种建模仿真思路。第 5 章数字液压缸机液耦合建模及仿真分析，主要探讨基于 ADAMS 与 AMESim 实现数字液压缸协同建模与仿真的方法，为数字液压缸虚拟样机分析提供一种途径。第 6 章数字液压缸性能优化与测试试验，主要探讨从内部结构及外部变量对数字液压缸性能影响分析的方法、性能测试试验系统的设计与实现、性能优化与测试试验的方法等。

本书引用的参考文献在书中多用作启示指导，为了方便读者进行延伸阅读，参考文献按章列出。匆忙之中，想必定会有曾对作者有重要影响的文献资料遗漏了，这里一并对文献作者表示感谢！

本书的出版还要感谢同事和同仁们给予的支持和帮助！感谢家人的理解与支持，我才能集中时间撰写书稿！也感谢西安电子科技大学出版社刘小莉、于文平编辑的细致与辛勤工作！

　　由于作者水平有限及时间仓促，书中难免有疏漏和不妥之处，恳请读者批评指正。同时，需要特别说明的是，本书着重于对数字液压缸建模与仿真途径进行探索，旨在为数字液压缸及类似的机电液集成系统的仿真分析研究提供方法参考，而对数字液压缸本身性能的分析不是本书的重点；书中所提供的实例均经过仿真验证。希望能与液压技术及机电系统仿真领域相关的读者进行交流沟通。

作　者

2020 年 6 月于西安

目　　录

第1章　绪论 ……………………………………………………………… 1

1.1　概述 ………………………………………………………………… 1

　1.1.1　传统液压技术 ………………………………………………… 1

　1.1.2　数字液压技术 ………………………………………………… 2

1.2　典型数字液压元件 ………………………………………………… 3

　1.2.1　增量式数字阀 ………………………………………………… 4

　1.2.2　高速开关阀 …………………………………………………… 5

　1.2.3　组合式数字阀 ………………………………………………… 7

1.3　数字液压缸国内外研究发展情况 ………………………………… 8

　1.3.1　国外研究现状 ………………………………………………… 8

　1.3.2　国内研究现状 ………………………………………………… 9

　1.3.3　数字液压缸建模研究方法及成果 …………………………… 10

1.4　机液伺服机构与数字液压缸 ……………………………………… 12

　1.4.1　典型机液伺服机构原理分析 ………………………………… 12

　1.4.2　数字液压缸机理分析 ………………………………………… 14

　1.4.3　数字液压缸的特点 …………………………………………… 15

　参考文献 ……………………………………………………………… 16

第2章　数字液压缸建模仿真分析基础 ……………………………… 19

2.1　阀控非对称液压缸建模 …………………………………………… 19

　2.1.1　负载压力及负载流量 ………………………………………… 20

　2.1.2　流量连续方程 ………………………………………………… 21

　2.1.3　滑阀的线性化流量方程 ……………………………………… 23

　2.1.4　液压缸和负载的力平衡方程 ………………………………… 23

2.2　液压系统的建模原理与方法 ……………………………………… 24

　2.2.1　液压系统的建模原理 ………………………………………… 24

　2.2.2　液压系统的建模方法 ………………………………………… 26

2.3　机电液系统仿真分析软件平台 …………………………………… 28

　2.3.1　Matlab/Simulink 仿真软件 ………………………………… 28

　2.3.2　ADAMS 仿真软件 …………………………………………… 32

　2.3.3　AMESim 仿真软件 …………………………………………… 36

2.4　机电液系统多软件协同仿真 ……………………………………… 47

　2.4.1　机电液系统各领域参数关联分析 …………………………… 48

　2.4.2　基于 Simulink 的集成化仿真平台框架 …………………… 48

　2.4.3　软件间的组织内部协同仿真方法 …………………………… 49

参考文献 ……………………………………………………………………… 51

第3章 数字液压缸机理建模及 Simulink 仿真分析 ……………… 53

3.1 数字液压缸数学模型 …………………………………………… 53

3.1.1 步进电机与阀芯的旋转模型 ……………………………… 53

3.1.2 三通阀模型 ………………………………………………… 54

3.1.3 液压缸模型 ………………………………………………… 55

3.1.4 数字液压缸整体模型 ……………………………………… 56

3.2 基于传递函数的仿真分析 ……………………………………… 56

3.2.1 确定仿真参数及建立模型 ………………………………… 56

3.2.2 系统稳定性分析 …………………………………………… 58

3.2.3 系统定位精度分析 ………………………………………… 58

3.3 基于状态方程的非线性模型仿真分析 ………………………… 60

3.3.1 考虑非线性因素的建模分析 ……………………………… 60

3.3.2 仿真结果分析 ……………………………………………… 63

参考文献 ……………………………………………………………………… 66

第4章 数字液压缸 AMESim 建模与仿真分析 …………………… 68

4.1 主要元件模型 …………………………………………………… 68

4.1.1 控制阀模型 ………………………………………………… 68

4.1.2 液压缸模型 ………………………………………………… 69

4.1.3 步进电机模型 ……………………………………………… 70

4.1.4 液压油源模型 ……………………………………………… 73

4.1.5 螺旋副模型 ………………………………………………… 74

4.2 数字液压缸 AMESim 建模仿真思路 ………………………… 79

4.3 基于信号等效反馈的数字液压缸建模仿真 …………………… 81

4.3.1 建模过程 …………………………………………………… 81

4.3.2 仿真分析 …………………………………………………… 82

4.4 基于阀套随动等效反馈的数字液压缸建模仿真 ……………… 84

4.4.1 建模过程 …………………………………………………… 84

4.4.2 仿真分析 …………………………………………………… 86

4.5 应用螺旋副的数字液压缸建模与仿真 ………………………… 86

4.5.1 建模过程 …………………………………………………… 86

4.5.2 仿真分析 …………………………………………………… 88

参考文献 ……………………………………………………………………… 89

第5章 数字液压缸机液耦合建模及仿真分析 …………………… 91

5.1 机液耦合系统参数关联关系 …………………………………… 91

5.2 数字液压缸协同建模方案 ……………………………………… 93

5.2.1 建模方法 …………………………………………………… 93

5.2.2 数据交换方法及接口定义 ………………………………… 94

5.3 建立 ADAMS 动力学模型 …………………………………… 94

    5.3.1　三维模型建立 ·· 94

    5.3.2　动力学模型建立 ·· 95

    5.3.3　模型验证 ·· 97

  5.4　建立 AMESim 液压模型 ·· 98

    5.4.1　考虑数值解算的模型优选 ···································· 98

    5.4.2　液压部分建模 ·· 99

  5.5　联合仿真接口设置 ·· 99

    5.5.1　AMESim 接口设置 ·· 99

    5.5.2　ADAMS 变量设置 ·· 100

  5.6　联合仿真分析 ·· 103

    5.6.1　单级螺旋反馈式数字液压缸联合仿真分析 ··············· 103

    5.6.2　双级螺旋反馈式数字液压缸仿真分析 ··················· 106

  参考文献 ·· 108

第 6 章　数字液压缸性能优化与测试试验 ····················· 110

  6.1　数字液压缸的性能优化分析 ·································· 110

    6.1.1　结构优化分析 ··· 110

    6.1.2　参量优化分析 ··· 113

  6.2　性能测试试验系统 ··· 115

    6.2.1　试验系统硬件设计 ··· 117

    6.2.2　试验系统软件设计 ··· 121

  6.3　试验系统 AMESim 仿真分析 ································· 123

    6.3.1　AMESim 建模 ··· 123

    6.3.2　仿真分析 ·· 124

  6.4　数字液压缸性能测试试验 ···································· 126

    6.4.1　工况试验 ·· 126

    6.4.2　优化验证试验 ··· 127

    6.4.3　设备验证试验 ··· 129

  参考文献 ·· 130

第1章　绪　　论

1.1　概　　述

1.1.1　传统液压技术

液压技术的发展是与流体力学、材料学、机构学、机械制造等相关基础学科的发展紧密相关的。

古希腊人阿基米德是最早对流体力学学科的形成做出贡献的人。公元前250年，他就发表了《论浮体》一文，精确地给出了"阿基米德定律"，从而奠定了物体平衡与沉浮的基本理论。1648年，法国人帕斯卡(B. Pascal)提出了静止液体中压力传递的基本定律——帕斯卡原理，奠定了液体静力学基础。

在帕斯卡提出静压传递原理的147年后，1795年英国人布拉默(Joseph Braman)获得了第一项关于液压机的英国专利。两年后，人们制成了由手动泵供压的水压机，到1826年，水压机已广为应用，成为继蒸汽机之后应用最普遍的机械。此后，水压传动控制回路得到了发展，并且其中采用了职能符号取代具体的结构和设计，促进了液压技术的进一步发展。

水存在黏度低、润滑性能差、易产生锈蚀等缺点，这些缺点严重影响了水液压技术的发展。因此，当电力传动兴起后，水压传动的发展和应用就开始不断地减少。

矿物油与水相比具有黏度大、润滑性能好、防锈蚀能力强等优点。随着20世纪初石油工业的兴起，人们开始研究采用矿物油代替水作为液压系统的工作介质。

1905年，美国人詹尼(Janney)首先将矿物油引入液压传动系统作为工作介质，并且设计制造了第一台油压轴向柱塞泵及由其驱动的油压传动装置，并于1906年应用到军舰的炮塔控制装置上，揭开了现代油压技术发展的序幕。

液压油的引入改善了液压元件摩擦副的润滑性能，减少了泄漏，从而为提高液压系统的工作压力和工作性能创造了有利条件。由于结构材料、表面处理技术及复合材料的引入，动、静压轴承设计理论和方法的研究成果的问世，以及丁腈橡胶等耐油密封材料的出现，油压技术在20世纪得到了迅速发展。

由于车辆、舰船、航空等大型机械功率传动的需求，需要不断提高液压元件的功率密度和控制特性，1922年瑞士人托马(H. Thoma)发明了径向柱塞泵。随后，斜盘式轴向柱塞泵、斜轴式轴向柱塞泵、径向液压马达及轴向变量马达等相继出现，使液压传动的性能不断得到提高。

汽车工业的发展及第二次世界大战中大规模武器生产的需要，促进了机械制造工业标准化、模块化概念和技术的形成与发展。1936 年，美国人威克斯（Harry Vickers）发明了以先导控制压力阀为标志的管式液压控制元件系列，20 世纪 60 年代出现了板式以及叠加式液压元件系列，20 世纪 70 年代出现了插装式液压元件系列，从而逐步形成了以标准化功能控制单元为特征的模块化集成单元技术。

控制理论及其工程实践的飞速发展为电液控制工程的进步提供了理论基础和技术支持。20 世纪 60 年代后期，出现了采用比例电磁铁作为电液转换装置的比例控制元件，其鲁棒性更好，价格更低，对油质也无特殊要求。此后，比例阀广泛应用于工业控制。

20 世纪是液压技术逐步走向成熟的时期，液压技术不断地从机器制造、材料工程、微电子、计算机及物质科学吸取新的成果，在社会和工程需求的强力推动下，接受来自机械和电气传动与控制快速发展的挑战，不断发挥自身的优势以便满足客观需求，将自身逐步推进到新的水平。

液压传动与控制技术已成为现代机械工程的基本要素和工程控制的关键技术之一。传统的液压技术是通过各种液压阀来控制普通油缸的运动方向、速度和位置的。为了满足各种要求，液压先驱者们经过近百年的不断努力，发明和生产了上百种规格的液压元件和产品（产品规格复杂、结构多样）。同时，为了获得精确的控制，依靠电子技术和传感技术，发明了伺服阀和比例阀，基于这两种液压元件，再加上传感器、控制器，构成闭环反馈，把液压的精确控制引入到工业领域，对重型设备自动化起到了极大的推动作用。

这样看来，液压技术解决了大部分的工程应用问题。然而，液压技术日益完善的同时也变得越来越复杂，传统液压被赋予了太多控制功能，方向阀、流量阀、压力阀等各种控制阀组合起来才能完成液压的传动控制。这种通过复杂元件堆叠实现的精密控制，势必使得系统越来越复杂，也导致真正能够实现工业自动化的高精度液压控制系统价格昂贵、维护困难，尤其是精密液压控制系统，因为其涉及伺服阀、传感器、闭环反馈、自动控制、传递函数、算法理论、频响等内容，综合了机械、流体力学、电气、自动化、计算机、测量等知识，甚至包括材料、工艺等现代科学技术。

随着计算机技术和电子技术的飞速发展，液压技术也在向数字化方向快速发展。与传统的电液伺服液压系统相比，数字液压系统具有控制技术先进、抗干扰能力强、控制精度高、同步性能好、响应速度快、对油液的清洁度要求低等诸多优点。

1.1.2　数字液压技术

目前行业中称为"数字液压"的技术形式有不少，归纳起来包括以下三种：

一是控制方式数字化，主要指利用高速开关阀通过开关的占空比不同，实现在单位时间内的流量调节。但由于运动惯量会严重影响特性，利用这种技术只能实现很小流量的调节，发展空间有限。

二是流道通径数字化，通过 1、2、4、8…多个开关阀的组合，实现流量的数字化调节，这种技术没有使其摆脱原本液压固有的难题，反而因其庞大的体积和重量、复杂的结构等，实用价值不明显。

三是特性数字化，即液压执行器件（缸、马达）运动特性的数字化，是通过控制输入脉冲的频率对应液压执行器的速度，脉冲的数量对应执行器的位移来实现数字化调节的。

数字化液压技术的根本目的是希望用最简单可靠的方式实现对液压执行器件的方向、

速度、位移的精确控制,简化液压使用难度。前两种形式仅完成了控制或流道通径的数字化,由于负载、系统压力、油液流动性等诸多因素的不确定性,其依然无法保证最终液压执行器件的速度稳定,更无法控制位移量,仍然需要借助其他检测、控制手段来实现对液压执行器件的控制调节,本质上与复杂的伺服阀控系统无差别。而特性数字化即液压执行器件的特性与输入信号(电脉冲)相对应,使得执行器件的控制精度几乎不受负载、油压甚至泄漏等的影响。

我国液压专家将数字液压技术定义为:液压元件具有流体流动离散化或控制信号离散化特征的液压系统称为数字液压系统,具有数字液压系统特征的液压技术称为数字液压技术。同时,也给出了数字液压技术流程图,如图 1.1 所示。

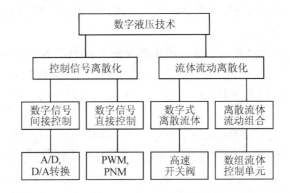

图 1.1 数字液压技术流程图

采用传统比例阀或伺服阀等模拟信号控制元件构成的系统,一般通过 D/A 接口实现数字控制,这种方法存在以下缺点:

(1) 控制器中存在着模拟电路,易产生温漂和零漂,这不仅使系统易受温度变化的影响,同时,也使控制器对阀本身的非线性因素(如死区、滞环等)难以彻底补偿。

(2) 增加了 D/A 接口电路。

(3) 用于驱动比例阀或伺服阀的比例电磁铁和力矩马达存在着固有的磁滞现象,导致阀的外控特性表现出 2%～8% 的滞环,控制特性较差。

(4) 由结构特点所决定,比例电磁铁的磁路一般由整体式磁性材料构成,在高频信号作用下,铁损引起的温升较为严重。

数字信号直接控制的液压元件与计算机连接,不需要 D/A 转换器,省去了模拟量控制要求各环节间的线性和连续性,其特点是它的输出量与输入脉冲序列的某一特征参数成比例。与模拟式液压元件相比,数字液压元件具有结构简单、工艺性能好、抗污染能力强等优点,可在恶劣的环境下工作。

1.2 典型数字液压元件

根据数字液压技术的分类,可将数字液压元件分为四类:模拟式比例阀、步进式数字阀、高速开关阀和组合式数字阀。由模拟式比例元件构成的数字控制系统一般需要进行数/模的反复转换,也采用脉宽调制式控制,是一种间接式的数字控制。步进式(增量式)数字阀以步进电机为电/机械转换器,由计算机生成增量式数字脉冲信号,控制步进电机,带动阀芯运动，再由阀芯控制液压执行器工作。这类阀的突出优点是可以由计算机直接控制，无需采用数/模转换，也不需要使用线性放大器，控制精度高。高速开关阀由快速开关电磁铁驱动，一般情况下接受脉宽调制数字信号的控制，通过控制开关元件的通断时间比，获得在某一段时间内流量的平均值，进而实现对下一级执行机构的控制。组合式数字阀是由成组的普通电磁阀和压力阀或流量阀组成的数字式压力阀或流量阀，其特点是电磁阀接收由微机编码的经电压放大后的二进制电压信号，省去了数/模转换装置。

1.2.1　增量式数字阀

增量式数字阀是利用步进电机作为电/机械转换器的一种数字控制比例阀。图1.2(a)所示为增量式数字阀的结构框图，主要由步进电机、机械转换器、液压先导级、液压功率级等四个部分组成。

增量式数字阀的工作过程为：步进电机接受脉冲序列的控制，输出位移转角($\Delta\theta$)，转角与输入的脉冲数成正比，然后通过机械转换装置(一般为齿轮减速的凸轮机构或螺杆机构)，把转角变成阀芯的阀位移(Δy)，再经过先导级和功率级二级液压放大，输出液压参数(Δp，Δq)。

实际工作时，每一采样周期的步数都在前一个采样周期的步数上增加或减少一些步数，因此称为增量控制法。增量控制阀特性如图1.2(b)所示。设当前状态为：步进电机的移动步数为5，对应的阀芯位移也为5。如果希望工作点移到阀芯位置为6的位置上，这时的输入控制量应为它们之间的增量，即增加1个脉冲量，使步进电机继续向前转过一个步距角。反向控制时，情况也是一样的，但输入为负的脉冲。用这种方法控制的阀称为增量式数字阀。

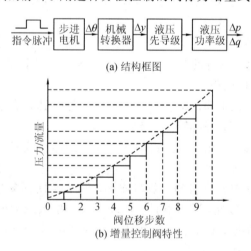

图 1.2　增量式数字阀结构框图与控制特性

增量式数字阀具有以下优点：

(1) 步进电机便于与计算机接口连接，简化了阀的结构，降低了成本，并且步进电机没有积累误差，重复性好，当采用细分式驱动电路后，理论上可以获得很高的定位精度。

(2) 步进电机几乎没有滞环误差，阀的滞环误差很小。

(3) 步进电机的控制信号为脉冲逻辑信号，阀的可靠性和抗干扰能力都比伺服阀和比例阀好。

　　增量式数字阀按其结构可以分为滑阀、锥阀、插装阀、转阀和喷嘴挡板阀。锥阀和喷嘴挡板阀常用于先导级，而滑阀、插装阀和转阀则常用于主级功率放大。按其功能又可分为数字溢流阀、数字流量阀、数字方向流量阀、步进油缸、数字变量泵等。

　　图 1.3 所示为一种先导式的增量式数字溢流阀的原理与结构简图。

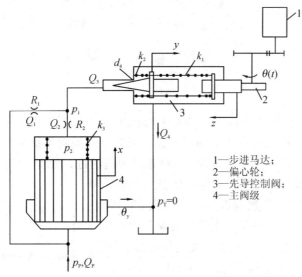

1—步进马达；
2—偏心轮；
3—先导控制阀；
4—主阀级

图 1.3　增量式数字溢流阀原理与结构简图

　　如图 1.3 所示，用步进电机 1 通过偏心轮 2 改变先导级调压弹簧的压缩量，这正与普通调压手轮所起的作用一样。可见，步进电机起着脉冲(电量)/机械量转换器的作用。先导级在弹簧压缩量的作用下，输出与累计输入脉冲数相应的先导压力和流量。此压力和流量借助液阻 R_1 和 R_2 的作用足以推动主阀芯运动，从而间接控制主阀口处进口的压力。只要溢流阀的分辨率足够高，或者说只要它的脉冲当量足够小，就可以实现对压力的连续控制。

　　增量式溢流阀的升压或降压速度取决于输入脉冲的频率，而压力设定值的大小则取决于累计输入脉冲数目的多少。

1.2.2　高速开关阀

　　高速开关阀是一种新型的电液数字阀，由螺管式电磁铁、盘式电磁铁或力矩电机等作为电/机械转换器，驱动高速开关阀工作。可以采用脉冲信号对高速开关阀进行控制，通过调节阀口开/关时间改变通过阀的平均流量。它具有良好的快速切换能力，价格低廉，抗污染能力强，重复精度高，采用脉冲信号进行调节，能很好地实现计算机控制技术和液压流体技术的结合，所以在液压系统中有广泛的应用。

　　图 1.4 所示为贵州红林机械生产的常闭二位二通式高速开关阀结构原理图。

　　如图 1.4 所示，当线圈 3 未通电时，球阀 8 将进油口 9 和出油口 7 隔开，油液不能从高速开关阀通过；当线圈 3 通电时，在线圈 3 所产生的磁力作用下，衔铁 1 向右吸合，并通过顶杆 6 顶开球阀 8，实现进油口 9 和出油口 7 的连通，此时油液则可以通过高速开关阀。由于高速开关阀的开关与线圈的通断电紧密相连，因此通过改变线圈脉冲电压的占空比可有效改变高速开关阀的打开与关闭时间，进而改变通过高速开关阀的平均流量，实现对执行机构运动速度和方向的控制。

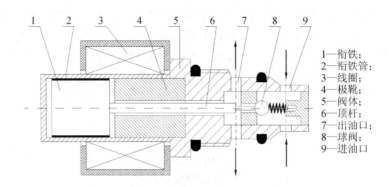

1—衔铁；
2—衔铁管；
3—线圈；
4—极靴；
5—阀体；
6—顶杆；
7—出油口；
8—球阀；
9—进油口

图 1.4　高速开关阀结构原理图

由图 1.4 可知，若将进油口和出油口互换，则高速开关阀不能关闭，不能实现高速开关，即高速开关阀属于单向高速开关阀。当高速开关阀的进、出油口互换时，油液克服弹簧力流出高速开关阀，此时，高速开关阀类似于一个阻尼阀。

高速开关阀的脉冲流量控制方式与比例阀、伺服阀的连续控制方式不同，它根据脉冲电信号实现开关动作，实现对通过的平均流量的改变。高速开关阀的控制信号按变化参数不同可分为：脉宽调制（pulse width modulation，PWM）、脉幅调制（pulse amplitude modulation，PAM）、脉码调制（pulse code modulation，PCM）、脉频调制（pulse frequency modulation，PFM）、脉数调制（pulse numerical modulation，PNM）等。下面以 PWM 脉宽调制控制方式为例说明其工作机理，PWM 脉宽调制信号的生成原理如图 1.5 所示。

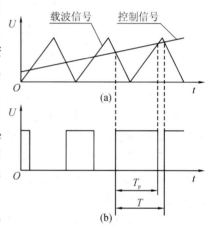

图 1.5　PWM 控制原理图

由图 1.5 可知，将控制信号与载波信号比较后可得脉宽调制（PWM）信号。脉宽调制信号的周期 T 由载波信号决定，有效脉宽时间 T_p 的变化由控制信号决定。有效脉宽时间 T_p 与周期 T 的比值称为脉宽占空比，即

$$\tau = \frac{T_p}{T} \tag{1.1}$$

研究通过高速开关阀的瞬时流量对液压系统的影响意义并不大，所以通常以平均流量来研究其流量特性。其输出平均流量 $\overline{Q}_v$ 如下：

$$\overline{Q}_v = \frac{T_p}{T} q_{V_n} = \tau C_d A \sqrt{\frac{2}{\rho} \Delta p} \tag{1.2}$$

式中：q_{V_n} ——额定流量；

$\quad\quad C_d$ ——流量系数；

$\quad\quad A$ ——阀口开口面积；

$\quad\quad \Delta p$ ——阀两端压差；

$\quad\quad \rho$ ——油液密度。

由式（1.2）可知，通过控制占空比 τ 的变化能有效控制液压系统流量的大小，实现对执

行元件运动特性的有效控制。

高速开关阀具有不易堵塞、抗污染能力强及结构简单的优点，但也存在不足。一方面高速开关阀的 PWM 控制最终表现为一种机械信号的调制，易于诱发管路中的压力脉冲和冲击，从而影响元件自身和系统的寿命及工作的可靠性；另一方面，元件的输入与输出之间没有严格的比例关系，一般不用于开环控制。

1.2.3 组合式数字阀

组合式数字阀是在普通控制阀的基础上，加上一个组合式数字先导阀构成的，如图 1.6 所示。组合式数字先导阀有若干级，每一级是一个基本单元，由一个小型直动式溢流阀与一个常开的二位二通电磁阀并联而成。根据需要把若干个这样的基本单元串联起来，就构成了一个两级的数字式先导阀。把这样的先导阀用作普通先导式压力阀的导阀，就构成了能接收二进制编码信号的数字压力阀。由于级数有限，这类阀只能做到有级控制，由一个级数为 n 的压力阀可以得到 2^n 的控制压力（包括零压），因此由一个 4 级的阀只能得到 16 级的压力。为了获得更多的压力级数，需要增加基本单元的级数。

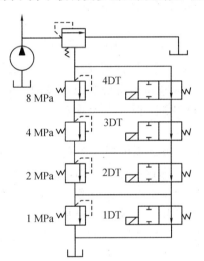
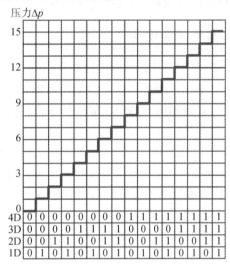

图 1.6 组合式数字压力阀

通常每个压力阀的设定值按二进制数的比例来调整，即按 1∶2∶4∶8∶… 的比例来调整每级先导阀的压力，这样可以获得均匀的级间压力差（或称压力增量），它是由最小的设定值决定的。例如，对于一个 4 级压力阀，每个压力阀的压力分别设定为 0.5 MPa、1 MPa、2 MPa、4 MPa，则以这个 4 级压力阀为导阀时，所能获得的 16 级压力最大值为 7.5 MPa，最小值为零，每级压力增量 Δp 均为 0.5 MPa。为了得到更平滑的压力变化，可以减小压力增量 Δp，但为了得到同样的压力控制范围，就要增加先导压力阀的级数。也就是说，在同样的压力控制范围内，要求的压力级数越多，或者说分级越细，组合式数字阀所需的元件就越多，体积也越庞大，这也限制了这类阀的应用范围。

基于上述思想，将普通节流阀（孔）与二位二通电磁阀串联构成基本单元，把 n 个这样的基本单元并联起来就构成了组合式数字节流阀，n 级组合式数字流量阀的液压原理如图 1.7 所示。

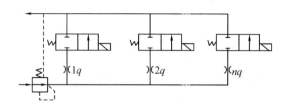

图 1.7　二进制组合式数字流量阀

1.3　数字液压缸国内外研究发展情况

液压缸将液压能转换为机械能，实现往复直线运动，输出力或速度，是液压技术中使用最为普遍的执行元件。传统技术中，液压缸只是执行元件，必须要受到液压回路中各种液压阀的控制才能实现输出。在数字液压技术中，将液压阀内置在液压缸中，同时配以步进电机等元件后，就变成了数字液压缸。这种液压缸可以实现对活塞杆运动的数字化控制，即电机的脉冲频率对应活塞杆速度，转动方向对应活塞杆伸缩方向，脉冲数量对应位移大小。

1.3.1　国外研究现状

早在 20 世纪六七十年代，国外就已经开始了对数字液压缸的研究开发，当时的第一台数字液压缸是在德国奥林匹亚会堂出现的，引起了广大液压同行的震惊与轰动。随后，德国力士乐公司研制出一种基于螺纹伺服机构的液压脉冲缸，但在今天看来，它仍属于机液伺服机构的领域。

1982 年，美国 Ford Motor 公司开发了一种环形多极高速电磁开关阀，该阀的响应时间为 2 ms。之后，宫本正彦等人开发出了三通型超高压高速电磁开关阀，这些阀与液压缸相连后，便能实现对液压缸的数字化控制，这是数字液压缸的一种类型。但是这种数字液压缸的实际输出流量小，一般小于 10 L/min，不能直接用于大流量的控制系统中。现在常用脉宽调制的方式去控制高速开关阀，再用其作为先导级控制二级阀，可有效提高控制流量。

1985 年，Ramchandran 等人开始对利用步进电机控制的增量式数字阀进行性能分析。不久，日本东京计器公司设计出一种电液脉冲缸，利用位置反馈原理，对液压缸的运动进行控制，其结构简单，定位精度高。之后，这一技术在日本、德国和美国等发达国家得到了不断的改进与创新。日本某公司为了监测数字液压缸的工作情况，在液压缸内部装上传感器，用来监测油液的压力波动和冲击等情况。

2003 年，美图 Vickers 公司在德国汉洛威展品会上，展示了其生产的专家智能数字液压缸（如图 1.8 所示），被认为当时世界上最先进的数字伺服系统，其终端执行器由多种高新产品组合而成。该型数字式伺服液压缸也存在缺点：它将传感器安装在缸体内，因此液压阀、处理器、过滤器等元件只能垂直布置，占据空间较大，对环境要求高，且如果出现故障，维护很不方便。美国一公司还开发出了一种带磁致伸缩位移传感器的液压缸反馈装置，其在高温、高压和高振荡的恶劣环境下也可以使用，使得数字液压技术又一次得到了改进。

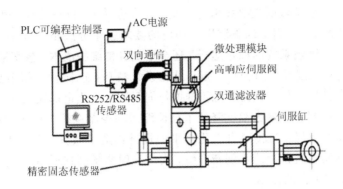

图 1.8 专家智能数字液压缸

　　分析国外的研究情况可以发现，国外数字液压缸的发展趋势是不断增加、改进系统功能，通过程序控制活塞杆运动，调节活塞杆速度，通过增加各类传感器对系统进行监控，提高系统可靠性，延长工作寿命。

1.3.2　国内研究现状

　　国内在数字液压领域的研究，起步并不落后，而且在一定程度上走在了世界前列。国内最早的关于数字液压技术的研究是在 20 世纪 70 年代，当时清华机械厂研制出了第一代高精度数字液压缸，性能达到了世界先进水平，超过了很多国外生产的数字缸，但这还不是成型的工业产品。

　　进入 21 世纪后，数字液压技术在我国得到了快速发展，特别是该项技术被纳入了国家"十五"项目。在这项技术的研究发展中，北京亿美博公司最具有代表性和发言权，经过不懈的研究和创新，该公司已经研制出多种型号且经过长期使用仍性能优异的数字液压缸，如图 1.9 所示。这些数字液压缸结构灵活，适用于各类工业场合，在专门的控制器或者计算机软件的配合下，可以精准地实现对活塞杆位置、速度和方向的控制，控制精度可以达到微米级。从图 1.9 可以看出，这些数字液压缸与现有的普通油缸在外观上看差别不大，但功能却大不一样，操作人员只需要在已经接好油管的液压缸上输入脉冲信号即可，不需要其他复杂参数的设定。数字液压缸通过内部反馈机构，将"电"与"液压"结合起来，实现了液压对电机特性的随动。可以总结为，数字液压技术是将控制交给"电"来处理，将功率放大交给"液压"来实现。数字液压缸及数字液压技术是液压领域的一次巨大飞跃，目前亿美博公司生产的数字液压缸已经广泛应用于国民经济的相关行业中，为产业升级注入了巨大活力。

图 1.9　亿美博公司的数字液压缸产品

传统伺服液压系统领域的主要技术有机械、流体动力学、自动控制、电子技术等,多学科交叉,机构复杂烦琐。另外,伺服液压对环境的要求也十分严格,油液污染、温度变化、压力冲击等因素不仅影响系统的稳定运行,还会增加日常维护成本。数字液压缸将液压缸、液压阀、反馈机构和控制元件结合在一起,结构设计精巧,这样就把原本复杂的伺服液压系统简化成为一个液压元件,而且使用和维护与伺服液压相比也都大大简化。

数字液压缸的研制和发展大幅度降低了高性能运动控制系统的应用门槛,为工业自动化的发展提供了重要支撑,为我国自动化水平的提升创造了条件。在未来的发展中,相信数字液压技术会在实现装备制造业创新升级,实现我国装备制造业对接工业4.0,实现"中国制造2025"中发挥更大的作用。

1.3.3　数字液压缸建模研究方法及成果

目前,对数字液压缸的建模分析主要有以下两种方法。

一是建立数学模型。利用物理规律、原理和系统中各参数、输入量与输出量之间的关系,直接建立系统的数学模型,主要包括静态模型、动态的微分方程模型、传递函数模型以及状态变量模型。这种方法的特点是要求结构参数和性能参数必须都是已知的,但在实际建模过程中,像流量系数、摩擦力系数这样的参数难以确定,常需借助经验或资料选取,或者进行简化处理,这样建立的模型与实际情况难免会存在出入。

二是利用软件进行建模。随着面向液压系统的计算机仿真软件的发展和更新,基于液压仿真软件进行各种液压系统建模仿真的研究也越来越多。液压仿真软件在实际使用中发挥的作用也越来越大,非常适合液压回路的设计、优化,故障判断排除,系统及元件的系列化开发等。

1. 数学模型

1)线性传递函数模型

王栋梁以滑阀驱动式的数字液压缸为研究对象,在分析结构和内部主要元件的基础上,建立其数学模型,仿真研究了其启动频率及动、静态特性,结果显示该型数字液压缸的定位精度可达0.04 mm/pulse。鹿士锋以国外生产的某型电液步进缸为对象进行建模仿真,并设计了模糊自适应控制器,通过对比发现,未加控制器的电液步进缸响应效果明显比较差,模糊自适应控制器比传统PID控制效果好。海军工程大学对数字液压缸的研究成果较多:陈佳在综合考虑阀控非对称缸的结构和功率匹配的基础上,建立了数字液压缸传递函数模型,利用模型分析主要参数意义和系统动、静态特性,结果显示活塞杆在正反两个方向的运行存在差异,这主要跟负载和非对称的结构有关;林云峰在建立数字液压缸数学模型并完成仿真分析后,利用试验系统对油缸单步脉冲位移、十步脉冲位移、频率响应等特性进行了试验,结果表明数字液压缸具有较好的抗油污性,可靠性好,并验证了模型的正确性;颜晓辉建立了电液步进缸的稳定误差模型,并提出了基于可变参数减小误差的调整方法,最后通过试验系统加载试验验证了方法的有效性。

2)非线性数学模型

海军工程大学的陈佳根据LuGre摩擦模型、螺旋反馈机构特性和阀口流量方程建立了一种连续运动的数字液压缸非线性状态空间方程,对各类非线性因素进行了分析,最后通过试验得出非线性数学模型更加符合实际情况。海军工程大学的肖志权等人在建立的数学模型中考虑了阀芯受力、步进电机非线性、间隙和死区及摩擦力等问题，根据建立的模型在 Matlab 中进行了数值仿真，发现在低速运行时，负阻尼摩擦是导致油缸爬行的原因之一。海军工程大学的徐世杰在建立非线性模型的基础上，设计了非线性控制器，该控制器综合考虑了外部扰动和不确定参数，仿真和试验表明设计的控制器的鲁棒稳定性满足要求。浙江海洋学院的郑雄胜等人认为对于数字液压缸，由传统频域分析的方法得到的结果都是近似线性的，不符合实际情况，因此他们在考虑非线性影响的条件下，通过计算机仿真对油缸进行频率响应分析，得到了更为精确的频率响应曲线。

2. 软件建模

从以上数字液压缸数学模型的研究中可以发现，数学建模过程费时费力，参数非常多，各种关系也很复杂，采用数学模型的方法调试起来也很困难。但是在专业软件中建模就可以避免这些问题，以 AMESim 软件为例，只需要根据数字液压缸的结构原理，选取合适的最小元素，按照油路关系、控制关系完成连接即可。模型建好后，如果要改变某个元件或者参数值，也不会影响其他已经建好的部分，更不需要重新开始，这样就可以把精力集中在对系统本身的研究或者问题分析上，缩短了建模的时间，减小了复杂程度。此外，专业软件还具有以下优点：一是利用软件可以绘制各种需要的图形曲线，可以方便地进行图形分析；二是具有批处理功能，可以对同一参数设置不同的数值进行批处理，非常适合优化分析；三是与很多软件有兼容的接口，可以进行联合仿真。基于以上优点，在很多研究中都使用 AMESim 对数字液压缸进行建模。

天津大学的郭旭升完成了对一种内置反馈步进数字液压缸的 AMESim 建模，通过软件批处理功能，对不同的负载大小、油缸入口压力、阀口形式、油管材料进行了仿真分析。结果显示，增加负载会加大稳态位移误差；供油压力不稳定时，对系统运行有很大的影响；四通阀的开口大小及方式会对系统的响应时间和位移滞后产生影响。继而针对仿真结果，提出了提高性能的改进措施。同时通过设计的数字液压缸试验系统对单缸运行和多缸运行情况进行了试验，验证了模型的正确性。

河南科技大学的孟文宝设计了一种以缝隙理论为基础的数字液压缸，它的原理是改变阀芯缝隙的长度从而改变流量，进而控制液压缸的速度、方向和位移大小。利用建立的 AMESim 模型进行仿真，得到了阀缝隙长度与阀输出流量、活塞杆位移与阀缝隙大小、活塞杆速度与数字阀缝隙的关系。最后设计数字液压缸测试系统，测量不同缝隙值下的数字阀流量，并与仿真数据进行比较分析，同时对数字液压缸不同条件下的定位精度进行测试。

海军工程大学的张乔斌对某型数字液压缸的动作误差进行了研究，建立了数字液压缸 AMESim 模型，对不同幅值、电机频率、输入信号形式下数字液压缸动作误差的影响进行了仿真分析，最终得出了误差变化的具体规律及原因，研究结果可以应用于对数字液压缸的误差控制。

阀芯是影响数字液压缸性能的重要因素。彭利坤等人建立了圆柱形滑阀、矩形槽滑阀和锥形滑阀的数学模型来研究不同滑阀阀芯对油缸的影响，并建立了 AMESim 仿真模型进行对比分析，研究结果可以为数字液压缸滑阀阀芯的设计优化提供参考。宋飞等人利用 AMESim 模型研究了滑阀阀芯零遮盖、正遮盖和负遮盖的不同效果，对数字液压缸阀芯的选择具有一定的指导意义。

潘炜对数字液压缸换向冲击特性进行了研究，在 AMESim 中建立了包括四通阀、液压缸、螺旋反馈机构、液压油源在内的数字液压缸模型，仿真分析了脉冲频率、螺旋反馈机构、油缸入口压力、摩擦力等因素对换向冲击特性的影响，最终得到了减小油缸换向冲击的方法。

1.4　机液伺服机构与数字液压缸

数字液压缸是一种增量式数字控制的机液伺服系统，通过在其内部安装滚珠丝杠，并且与阀芯相连，实现对液压缸活塞位置的精确控制，通过改变步进电机接收的脉冲频率来调节活塞的运动速度，通过改变步进电机的输入脉冲个数控制活塞位置。由于活塞完全跟随步进电机的运动而运动，因此只需要通过控制步进电机就可以实现对液压缸的精确控制。

1.4.1　典型机液伺服机构原理分析

在液压技术中，具有随动或伺服特征的有柱塞泵手动伺服变量机构、机液伺服系统、电液伺服系统等，这类系统的共同特征是具有负反馈机构，通过内部机械结构或电控组件实现，在此基础上，增加具有数字特征的驱动元件即可构成数字液压缸的雏形。

1. 柱塞泵手动伺服变量机构

在斜盘式轴向柱塞泵中，通过改变斜盘倾角的大小就可以调节泵的排量，变量机构的结构形式有多种，图1.10所示为手动伺服变量机构结构简图。

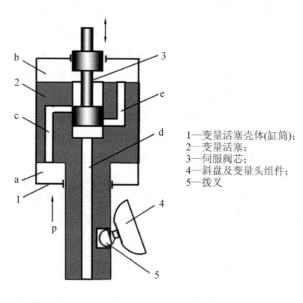

1—变量活塞壳体(缸筒);
2—变量活塞;
3—伺服阀芯;
4—斜盘及变量头组件;
5—拨叉

图1.10　手动伺服变量机构

该机构由壳体(缸筒)1、变量活塞2和伺服阀芯3组成。活塞2兼作伺服阀的阀体，其中心与阀芯相配合，并有c、d和e三个孔道分别沟通缸筒1的下腔a、上腔b和油箱。泵上的斜盘4通过拨叉机构与活塞2的下端铰接，利用变量活塞2的上下移动来改变斜盘倾角。当用手柄使伺服阀芯3向下移动时，上面的阀口打开，经a腔引入的压力油p经孔道c通向 b 腔,活塞因上腔有效面积大于下腔有效面积而移动,活塞 2 移动时又使伺服阀上的阀口关闭,最终使活塞 2 自身停止运动。同理,当用手柄使伺服阀芯 3 向上移动时,下面的阀口打开,b 和 e 接通油箱,活塞 2 在 a 腔压力油的作用下向上移动,并在该阀口关闭时自行停止运动。可见,活塞 2 与阀芯 3 是随动关系,用较小的力驱动阀芯,就可以调节斜盘倾角。

2. 机液伺服系统

伺服系统又称随动系统或跟踪系统,是一种自动控制系统,在这种系统中,系统的输出量能自动、快速而准确地复现输入量的变化规律。由液压伺服控制元件和液压执行元件组成的控制系统称为液压伺服控制系统。

图 1.11 所示为一个简单的机液伺服控制系统的原理图。液压泵 4 是系统的动力源,以恒定的压力向系统供油,供油压力由溢流阀 3 调定。伺服阀是控制元件,液压缸是执行元件。伺服阀根据节流原理控制进入液压缸的流量、压力和流动方向,使液压缸带动负载运动。伺服阀阀体与液压缸缸体刚性连接,从而构成机械反馈控制。

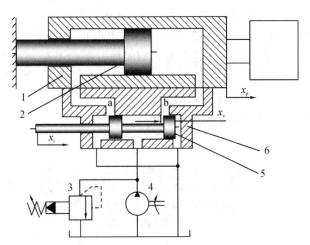

1—液压缸缸体;2—液压缸活塞;3—溢流阀;4—液压泵;
5—伺服阀芯;6—伺服阀阀体

图 1.11 机液伺服控制系统原理图

按照图 1.11 给伺服阀阀芯 5 输入位移 x_i,则窗口 a、b 便有一个相应的开口 $x_v(=x_i)$,压力油经窗口 b 进入液压缸右腔,液压缸左腔油液经窗口 a 排出,缸体右移 x_p。与此同时,伺服阀阀体 6 也右移,使阀的开口减小,即 $x_v = x_i - x_p$。直到 $x_p = x_i$,即 $x_v = 0$ 时,伺服阀的输出流量为零,缸体才停止运动,此时处在一个新的平衡位置上,从而完成液压缸输出位移对阀输入位移的跟随运动。如果阀芯反向运动,液压缸也反向跟随运动。在此系统中,输出量(缸体位移 x_p)之所以能够迅速、准确地复现输入量(阀芯位移 x_i)的变化,是因为阀体与缸体连成一体构成了机械的负反馈控制。由于缸体的输出位移能够连续不断地反馈到阀体上,并与阀芯的输入位移进行比较,有偏差(阀的开口)的缸体就向着减小偏差的方向运动,直到偏差消除为止,即以偏差来消除偏差。

图 1.12 所示为用方块图表示的机液伺服控制系统的工作原理。

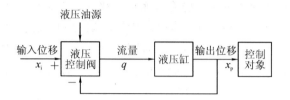

图 1.12　机液伺服控制系统工作原理方块图

1.4.2　数字液压缸机理分析

　　液压缸与三通滑阀结合，加上螺旋反馈元件和步进电机，就构成了数字液压缸。图1.13所示为数字液压缸的典型结构，主要包括步进电机、三通滑阀、反馈螺母、螺杆、液压缸等。这种结构的数字液压缸的工作原理为：给步进电机输入一定数量的脉冲后，电机轴就会输出一个角位移，同时带动三通阀阀芯开始转动，因为丝杠的存在，阀芯在旋转运动的同时又轴向移动，使阀口打开，这样进油路或回油路就会与无杆腔接通，步进电机的正反转向决定其与进油路还是回油路接通。在图1.13中，当阀芯向右移动时，进油路与无杆腔接通，活塞杆外伸，同时反馈螺母带动阀芯在电机停止转动后回到平衡位置；当阀芯向左移动时，回油路与无杆腔接通，活塞杆缩回，同样反馈螺母带动阀芯在电机停止转动后回到平衡位置。因此，脉冲数决定了液压缸活塞杆位移量，脉冲频率对应活塞杆速度。从图1.13中可以看出，这种结构的数字液压缸是通过螺杆与反馈螺母之间的螺旋副实现内部机械反馈的，所以也称为单级螺旋反馈式数字液压缸。

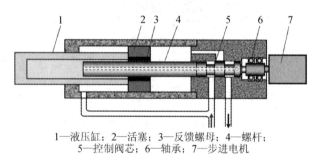

1—液压缸；2—活塞；3—反馈螺母；4—螺杆；
5—控制阀芯；6—轴承；7—步进电机

图 1.13　数字液压缸原理示意图(1)

　　在图1.13所示的数字液压缸中，螺杆4与阀芯5是一体结构，螺杆一端与阀芯5相连接，另一端与液压缸活塞上的反馈螺母3相连接。由于螺旋机构的导程不能做得太大(一般为3~6 mm)，否则将自锁，而步进电机的转速又受到结构限制(一般为3~5圈/s)，因而这种直接反馈式数字液压缸的速度一般为30~50 mm/s，并且这种数字缸在无油压而受外力作用时，活塞杆移动将损坏内部机构，这在许多情况下是可能发生的，这一缺陷也在很大程度上限制了其应用范围。

　　为了克服以上结构的缺陷，扩大数字液压缸的应用范围，人们设计了如图1.14所示的数字液压缸结构。其中，活塞与反馈螺母刚性固定，阀芯一端与步进电机连接为滑动连接，另一端带外螺纹与连接套内螺纹相配合，连接套与丝杠刚性固定，滚珠丝杠只旋转而不做轴向移动。该结构的数字液压缸的工作原理为：在正向脉冲信号的作用下，步进电机旋转，阀芯随步进电机同步旋转，在阀芯左端螺旋副的作用下，阀芯的旋转运动变为轴向左移的直线运动，阀口随之打开，压力油进入无杆腔，活塞外伸。与此同时，与活塞刚性固定的反馈螺母也一同运动，在滚珠丝杠的作用下，反馈螺母的左移直线运动转化为丝杠的旋转运动，丝杠带动与其固定在一起的连接套旋转，再通过螺旋副的作用带动阀芯轴向右移，阀口逐渐关闭，实现位置负反馈。当输入连续正向脉冲信号时，步进电机连续旋转，活塞杆随之外伸。反之，输入反向脉冲信号，步进电机反转，活塞反向内缩。这种数字液压缸的反馈结构由阀芯与连接套之间的螺旋副、滚珠丝杠与反馈螺母之间的螺旋副组成，所以也称为双级螺旋反馈式数字液压缸。

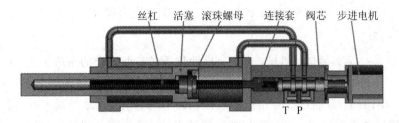

图 1.14　数字液压缸的原理示意图(2)

数字液压缸是内部闭环的伺服执行元件，图 1.13 所示的数字液压缸的控制方式如图 1.15 所示，其控制原理可以归纳为利用一个三通滑阀控制一个差动缸，利用丝杠对活塞位置作精密反馈，巧妙地利用液压和丝杠这两种技术，既达到了大的输出力，又获得了精密的位置精度。

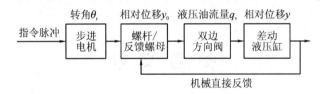

图 1.15　数字液压缸闭环控制原理框图

控制步进电机的方法如图 1.16 所示。

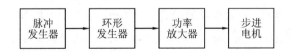

图 1.16　步进电机控制原理图

从数字液压缸与伺服技术原理的比较可以看出，数字液压缸属于增量式数字控制的电液伺服机构，如果不考虑数字控制的因素，单从工作机理上说，数字液压缸的工作原理与柱塞泵的手动伺服变量机构、机液伺服机构等类似的负反馈控制液压机构相似。数字液压缸的核心是机液闭环的伺服控制技术，与其他电液伺服控制系统最大的区别是，数字液压缸不采用传统的伺服阀，而利用极其简单的机械结构，实现了液压执行器件的精密反馈控制，也使得传统的液压控制得到了极大的简化。

1.4.3　数字液压缸的特点

数字液压缸通过阀芯、丝杠与反馈螺母的巧妙结构，实现了机械方式的位置负反馈，其内部构成一个闭环,对外表现为脉冲数与活塞位移的对应关系,具有传统液压无法比拟的特点。

1. 控制精度高

如果用 $\nabla\theta$ 表示步进电机步距角,S 表示丝杠导程,那么每个脉冲引起的位移为

$$\nabla s = \frac{\nabla\theta}{360} \cdot S \tag{1.3}$$

假设丝杠的导程为 10 mm,步进电机脉冲周期为 1024 脉/转,则数字油缸的精度可达 0.01 mm。不仅如此,多数字液压缸的同步运行性能也更为优异。

2. 结构简单

数字油缸将一个集流体、机械、电气、自动化等多专业集合的系统工程,化繁为简成为一个具有数字化控制特性且高效集成、独立化的元件;一个数字油缸可实现包含传统的滑阀、调速阀、单向阀、普通油缸等组成的液压回路的所有功能。从外观来看,数字油缸只有进油口、回油口和电缆接口,只需外加液压源就可使用,无需其他液压元件,也无需行程开关、继电器等电气元件。

3. 控制方便

数字油缸可直接接收控制器发出的脉冲信号,脉冲频率代表速度,脉冲总数代表行程;和传统控制系统不同,使用数字油缸系统需反复调整比例、积分、微分、温度补偿等参数,只需改变脉冲状态即可实现对方向、位置、速度的控制,而且具备总线控制功能,充分体现了数字科技在工业技术领域中的完美特性。

参 考 文 献

[1] 中国液压气动密封件工业协会. 面向 2030 中国机械工程技术路线图丛书:流体动力传动与控制技术路线图[M].北京:中国科学技术出版社,2012.

[2] 杨华勇.工程机械智能化进展与发展趋势[J].建筑机械与管理,2017(12):19 - 21.

[3] 曹玉平,阎祥安.液压传动与控制[M].天津:天津大学出版社,2009.

[4] 施虎,梅雪松.现代液压传动技术的若干新特点及其发展趋势[J].机床与液压,2017(23):158 - 165.

[5] 吴文静,刘广瑞. 数字化液压技术的发展趋势[J]. 矿山机械,2007(8):115 - 119.

[6] 张海平."数字液压"之我思[J]. 液压气动与密封,2017(11):1 - 8.

[7] ZHANG Q W, KONG X D, YU B, et al. Review and development trend of digital hydraulic technology[J]. Applied sciences, 2020(10):579.

[8] KATAKURA H, JIA Z Y, YAMANE R, et al. Fundamental research on digital positioning by several hydraulic cylinders and a microcomputer[J]. Hydraulics & pneumatics, 1991, 22(1):63 - 70.

[9] YANG J L, RUAN J, YUAN J L, et al. An electro-hydraulic grinding feed drive digital control system[J]. Key engineering materials, 2001(202):459 - 464.

[10] 邢继峰,曾晓华,彭利坤.一种新型数字液压缸的研究[J].机床与液压,2005(8):

145 - 146.

[11]　李伟.机电液集成数字液压缸的设计与研究[D].长沙：湖南师范大学，2010.

[12]　WU C N,KITAGAWA A. Development of a new hydraulic cylinder with built-in compound control function of displacement and thrust[C]//Proceedings of the 2004，IEEE International Conference on Control and Applications，Taipei，Taiwan.

[13]　李良福.国外机床新结构液压缸[J].流体传动与控制，2007(5)：40 - 42.

[14]　邱法维，沙锋强，王刚，等.数字液压缸技术开发与应用[J].液压与气动，2011(7)：60 - 62.

[15]　肖志权，彭利，邢继，等.数字伺服步进液压缸的建模分析[J].中国机械工程，2007(16)：1935 - 1938.

[16]　吴文静.数字式液压元件与液压控制系统研究[D].郑州：郑州大学，2008.

[17]　李远慧，陈新元.基于AMESim的液压缸系统动态特性仿真与优化[J].武汉科技大学学报，2011，34(3)：215 - 218.

[18]　阮健，李胜，孟彬.高频大流量2D数字伺服阀：中国，200910153014.6[P].2009 - 09 - 25.

[19]　杨世祥.新型数控脉冲液压缸的研制[J].液压与气动，1983(2)：18 - 19.

[20]　杨世祥.一种双级螺旋内反馈数字流体缸：中国，200410069392.3[P].2007 - 10 - 10.

[21]　杨世祥.一种带内旋转的数字流体缸：中国，98120654.9[P].2004 - 09 - 15.

[22]　章海，裴翔，陈胜，等.数字缸的静态特性分析[J].工程设计学报，2004(1)：27 - 30.

[23]　徐世杰，楼京俊，彭利坤.考虑不确定参数及外部扰动数字液压缸非线性鲁棒位置跟踪控制[J].海军工程大学学报，2015，27(2)：74 - 79.

[24]　陈佳，邢继峰，彭利坤.数字液压缸非线性动态特性分析及试验[J].机械科学与技术，2016，35(7)：1035 - 1042.

[25]　孟文宝.数字液压缸微进给控制技术研究[D].洛阳：河南科技大学，2013.

[26]　陈佳，邢继峰，彭利坤.基于传递函数的数字液压缸建模与分析[J].中国机械工程，2014，25(1)：65 - 70.

[27]　张乔斌，宋飞.数字液压缸跟踪误差特性仿真分析[J].机床与液压，2015，43(7)：157 - 160.

[28]　彭利坤，宋飞，邢继峰，等.数字液压缸阀芯特性研究[J].机床与液压，2012，40(20)：62 - 65.

[29]　潘炜，彭利坤，邢继峰，等.数字液压缸换向冲击特性研究[J].液压与气动，2012(2)：77 - 81.

[30]　BARTELS C. Computational fluid dynamics applications on parallel-vector compute [J]. Computations of stirred vessel flows computers and fluids，2002(1)：212 - 218.

[31]　KIM M Y，LEE C O. An experimental study on the optimization of controller gains for an electro-hydraulic servo system using evolution strategies [J]. Control engineering practice，2006 (14)：137 - 147.

[32]　LI S，SONG Y. Dynamic response of a hydraulic servo-valve torque motor with magnetic fluids[J]. Mechatronics，2007，17(8)：442 - 447.

[33]　SUN G F，Michael kleeberger. dynamic responses of hydraulic mobile crane with

consideration of the drive system[J]. Mechanism and machine theory，2003（38）：1489－1508.

[34]　蔡廷文.带恒压惯性源的非线性液压系统的数学模型和自持振荡参数的研究[J].华东船舶工业学院学报(自然科学版)，2001(3)：55－61.

[35]　宋锦春，高航，张立成，等.高压辊磨机液压系统及其动态特性[J].东北大学学报，2000（1）：38－40.

[36]　荆宝德，瞿爱勤，陈铁民.全液压抽油机液压系统的动态特性分析[J].吉林工业大学学报，1998，28(3)：76－80.

[37]　卢贵主，胡国清.一种改进了的液压系统动态特性分析方法[J].厦门大学学报(自然科学版)，2001(4)：878－881.

[38]　宁崴，王艾伦，杨务滋，等.支臂回转机构液压系统动态特性仿真与实验研究[J].矿山机械，2005(2)：6－7.

[39]　杜诗文，李永堂，雷步芳.棒料高速剪切机液压系统设计与动态特性研究[J].锻压装备与制造技术，2006(6)：42－45.

[40]　唐林.面向对象的液压系统动态特性仿真研究[J].机械制造，1998(8)：10－12.

[41]　陈鹰.面向创新的液压仿真技术[J].液压气动与密封，2003(4)：16－20.

[42]　陈桂芳，郭勇，刘锋.挖掘机液压系统建模仿真及能耗分析[J].机械设计与研究，2011，27(5)：99－103.

[43]　邱法维.数字液压缸的几个问题[J].液压气动与密封，2016，36(7)：50－52.

[44]　李鹏，朱建公，张德虎，等.新型内循环数字液压缸系统设计及仿真研究[J].机械科学与技术，2014，33(1)：48－52.

[45]　XIA Y M, SHI Y P, YUAN Y, et al. Analyzing of influencing factors on dynamic response characteristics of double closed-loop control digital hydraulic cylinder [J]. Journal of advanced mechanical design, systems, and manufacturing, 2019，13(3)：54－70.

第 2 章 数字液压缸建模仿真分析基础

本章对数字液压缸建模与仿真所涉及的阀控液压缸理论、液压系统建模原理、机电液系统仿真分析软件以及多软件协同仿真等进行系统的介绍，为数字液压缸的建模仿真分析奠定基础。

2.1 阀控非对称液压缸建模

阀控液压缸系统是工程上应用比较广泛的传动和动力系统。其中，阀控对称缸系统与阀控非对称缸相比具有很好的控制特性，在实际生产中得到了广泛的应用。但对称缸加工难度大，滑动摩擦阻力较大，需要的运行空间也大，而非对称缸构造简单、制造容易，单边滑动密封的效率及可靠性高、工作空间小。在以往分析阀控非对称缸系统的文献中，仍沿用阀控对称缸系统的数学模型和部分参数的定义方式，对阀控缸系统性能的分析和控制造成了一定的影响。而基于负载压力与负载流量的新定义，建立阀控非对称缸系统的数学模型，逐渐成为一种更为恰当的方法。

图 2.1 是零开口四通阀控制非对称液压缸的原理图。当阀芯处于中间位置时，由于凸肩的棱边与油槽的棱边分别对齐，从而把油槽完全封住，即四个节流口都关闭，此时没有压力和流量输出。当四通阀在外力的作用下有一个正向位移时，油液经节流口通往液压缸，由液压缸另一端流回的油液经另一个节流口流回油箱。

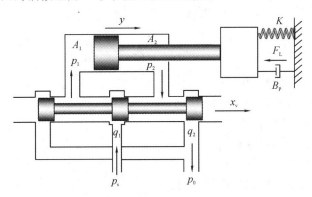

图 2.1 阀口非对称液压缸结构示意图

为了简化分析，作以下假定：

（1）工作油液温度、黏度和体积模量为常数，液体是理想的，无黏性、不可压缩。

（2）液压油源是理想恒压源的，回油压力近似为零。

（3）四通阀四个节流窗口是匹配和对称的。

（4）阀与液压缸的连接管道对称且短而粗，管道中的压力损失和管道动态可以忽略。

（5）液压缸每个工作腔内各处压力相等。

（6）液压缸内外泄漏均为层流流动。

2.1.1　负载压力及负载流量

1. 负载压力

在阀控非对称液压缸中，以活塞杆的伸出运动为例，根据活塞的受力分析（如图 2.1 所示），可得

$$p_1 \cdot A_1 - p_2 \cdot A_2 = F \tag{2.1}$$

式中：F ——活塞杆伸出的外负载（N）；

　　　p_1、p_2 ——液压缸无杆腔、有杆腔的压力（Pa）；

　　　A_1、A_2 ——液压缸无杆腔、有杆腔的有效工作面积（m^2）且有 $A_1 > A_2$。

因为液压缸两腔的工作面积不等，所以定义负载压力如下：

当活塞正向伸出（$y > 0$）时，负载压力为

$$p_L = \frac{F}{A_1} = \frac{p_1 A_1 - p_2 A_2}{A_1} = p_1 - n p_2 \tag{2.2}$$

当活塞反向缩回（$y < 0$）时，负载压力为

$$p_L = \frac{F}{A_2} = \frac{p_2 A_2 - p_1 A_1}{A_2} = p_2 - \frac{1}{n} p_1 \tag{2.3}$$

式中：$n = \dfrac{A_2}{A_1}$ 为液压缸有杆腔面积和无杆腔面积之比。

2. 负载流量

当活塞正向伸出（$y > 0$）时，阀芯右移，即 $x_v > 0$，则滑阀两腔的流量方程为

$$q_1 = C_d \omega x_v \sqrt{\frac{2}{\rho}(p_s - p_1)} \approx A_1 \frac{dy}{dt} \tag{2.4}$$

$$q_2 = C_d \omega x_v \sqrt{\frac{2}{\rho} p_2} \approx A_2 \frac{dy}{dt} \tag{2.5}$$

式中：q_1 ——无杆腔的流量（m^3/s）；

　　　q_2 ——有杆腔的流量（m^3/s）；

　　　p_s ——液压油源的压力（Pa）；

　　　p_1 ——无杆腔的压力（Pa）；

　　　p_2 ——有杆腔的压力（Pa）；

　　　C_d ——电液比例方向阀的流量系数；

　　　ω ——电液比例方向阀的面积梯度（m）；

　　　x_v ——电液比例方向阀的阀芯位移（m）；

　　　ρ ——液压油的密度（kg/m^3）。

由式（2.4）和式（2.5）可得

$$\frac{q_2}{q_1} = \sqrt{\frac{p_2}{p_s - p_1}} = \frac{A_2}{A_1} = n < 1 \tag{2.6}$$

液压缸的输出功率 N_{out} 为

$$N_{\mathrm{out}} = p_1 q_1 - p_2 q_2 \tag{2.7}$$

由式(2.6)和式(2.7)可得

$$N_{\mathrm{out}} = p_1 q_1 - p_2 q_2 = (p_1 - n p_2) q_1 = p_{\mathrm{L}} q_1 \tag{2.8}$$

故可定义负载流量为

$$q_{\mathrm{L}} = q_1 \tag{2.9}$$

当活塞反向缩回（$y < 0$）时，阀芯左移，即 $x_{\mathrm{v}} < 0$，则滑阀左右两腔的流量方程为

$$q_1 = C_{\mathrm{d}} \omega x_{\mathrm{v}} \sqrt{\frac{2}{\rho} p_1} \approx A_1 \frac{\mathrm{d}y}{\mathrm{d}t} \tag{2.10}$$

$$q_2 = C_{\mathrm{d}} \omega x_{\mathrm{v}} \sqrt{\frac{2}{\rho}(p_{\mathrm{s}} - p_2)} \approx A_2 \frac{\mathrm{d}y}{\mathrm{d}t} \tag{2.11}$$

由式(2.10)和式(2.11)可得

$$\frac{q_2}{q_1} = \sqrt{\frac{p_{\mathrm{s}} - p_2}{p_1}} = \frac{A_2}{A_1} = n < 1 \tag{2.12}$$

液压缸的输出功率 N'_{out} 为

$$N'_{\mathrm{out}} = p_2 q_2 - p_1 q_1 \tag{2.13}$$

由式(2.12)和式(2.13)可得

$$N'_{\mathrm{out}} = p_2 q_2 - p_1 q_1 = \left(p_2 - \frac{1}{n} p_1 \right) q_2 = p_{\mathrm{L}} q_2 \tag{2.14}$$

故可定义负载流量为

$$q_{\mathrm{L}} = q_2 \tag{2.15}$$

2.1.2　流量连续方程

当活塞正向伸出（$y > 0$）时，流入液压缸进油腔的流量 q_1 为

$$q_1 = C_{\mathrm{ip}}(p_1 - p_2) + C_{\mathrm{ep}} p_1 + \frac{V_1}{\beta_{\mathrm{e}}} \frac{\mathrm{d}p_1}{\mathrm{d}t} + \frac{\mathrm{d}V_1}{\mathrm{d}t} \tag{2.16}$$

从液压缸回油腔流出的流量 q_2 为

$$q_2 = C_{\mathrm{ip}}(p_1 - p_2) - C_{\mathrm{ep}} p_2 - \frac{V_2}{\beta_{\mathrm{e}}} \frac{\mathrm{d}p_2}{\mathrm{d}t} - \frac{\mathrm{d}V_2}{\mathrm{d}t} \tag{2.17}$$

式中：C_{ep}——液压缸外泄漏系数（$\mathrm{m}^3/(\mathrm{N} \cdot \mathrm{s})$）；

$\qquad C_{\mathrm{ip}}$——液压缸内泄漏系数（$\mathrm{m}^3/(\mathrm{N} \cdot \mathrm{s})$）；

$\qquad \beta_{\mathrm{e}}$——有效体积弹性模量（包括油液、连接管道和缸体的机械柔度，N/m^2）；

$\qquad V_1$——无杆腔的有效容积（包括阀、连接管道和无杆腔，m^3）；

$\qquad V_2$——有杆腔的有效容积（包括阀、连接管道和有杆腔，m^3）。

此时：

$$\begin{cases} V_1 = V_{10} + A_1 y = A_1 L_1 + A_1 y \\ V_2 = V_{20} - A_2 y = A_2 L_2 - A_2 y \end{cases} \tag{2.18}$$

式中：V_{10}——无杆腔的初始容积（m^3）；

$\qquad V_{20}$——有杆腔的初始容积（m^3）；

$\qquad L_1$——活塞左端面到大腔端底的初始距离（m）；

L_2 ——活塞右端面到小腔端底的初始距离(m);

y ——活塞输出的位移(m)。

则有

$$\begin{cases} \dfrac{dV_1}{dt} = A_1 \dfrac{dy}{dt} \\ \dfrac{dV_2}{dt} = -A_2 \dfrac{dy}{dt} \end{cases} \tag{2.19}$$

将式(2.19)代入式(2.16)、式(2.17),可得

$$\begin{cases} q_1 = C_{ip}(p_1 - p_2) + C_{ep}p_1 + \dfrac{V_1}{\beta_e}\dfrac{dp_1}{dt} + A_1\dfrac{dy}{dt} \\ q_2 = C_{ip}(p_1 - p_2) - C_{ep}p_2 - \dfrac{V_2}{\beta_e}\dfrac{dp_2}{dt} + A_2\dfrac{dy}{dt} \end{cases} \tag{2.20}$$

由式(2.2)、式(2.6)可得

$$\begin{cases} p_1 = \dfrac{n^3 p_s + p_L}{1 + n^3} \\ p_2 = \dfrac{n^2 (p_s - p_L)}{1 + n^3} \end{cases} \tag{2.21}$$

由式(2.9)、式(2.20)和式(2.21),可得液压缸流量方程为

$$q_L = q_1 = C_{ie}p_L + C_f p_s + \dfrac{V_t}{4\beta_e}\dfrac{dp_L}{dt} + A_1\dfrac{dy}{dt} \tag{2.22}$$

式中:C_{ie} ——等效泄漏系数,$C_{ie} = \dfrac{C_{ip}(1 + n^2) + C_{ep}}{n^3 + 1}$;

C_f ——附加泄漏系数,$C_f = n^2 \dfrac{(C_{ip} + C_{ep})n - C_{ip}}{n^3 + 1}$;

V_t ——等效总容积,$V_t = \dfrac{4V_1}{1 + n^3}$。

当活塞反向缩回($y < 0$)时,流入液压缸进油腔的流量 q_2 为

$$q_2 = C_{ip}(p_2 - p_1) + C_{ep}p_2 + \dfrac{V_2}{\beta_e}\dfrac{dp_2}{dt} + \dfrac{dV_2}{dt} \tag{2.23}$$

从液压缸回油腔流出的流量 q_1 为

$$q_1 = C_{ip}(p_2 - p_1) - C_{ep}p_1 - \dfrac{V_1}{\beta_e}\dfrac{dp_1}{dt} - \dfrac{dV_1}{dt} \tag{2.24}$$

此时:

$$\begin{cases} V_1 = V_{10} - A_1 y = A_1 L_1 - A_1 y \\ V_2 = V_{20} + A_2 y = A_2 L_2 + A_2 y \end{cases} \tag{2.25}$$

则有

$$\begin{cases} \dfrac{dV_1}{dt} = -A_1 \dfrac{dy}{dt} \\ \dfrac{dV_2}{dt} = A_2 \dfrac{dy}{dt} \end{cases} \tag{2.26}$$

将式(2.26)代入式(2.23)、式(2.24)可得

$$\begin{cases} q_1 = C_{ip}(p_2 - p_1) - C_{ep}p_1 - \dfrac{V_1}{\beta_e}\dfrac{\mathrm{d}p_1}{\mathrm{d}t} + A_1\dfrac{\mathrm{d}y}{\mathrm{d}t} \\[3mm] q_2 = C_{ip}(p_2 - p_1) + C_{ep}p_2 + \dfrac{V_2}{\beta_e}\dfrac{\mathrm{d}p_2}{\mathrm{d}t} + A_2\dfrac{\mathrm{d}y}{\mathrm{d}t} \end{cases} \tag{2.27}$$

由式(2.3)、式(2.12)可得

$$\begin{cases} p_1 = \dfrac{n(p_s - p_L)}{1 + n^3} \\[3mm] p_2 = \dfrac{p_s + n^3 p_L}{1 + n^3} \end{cases} \tag{2.28}$$

由式(2.15)、式(2.27)和式(2.28)可得液压缸流量方程为

$$q_L = q_2 = C'_{ie}p_L + C'_f p_s + \frac{V'_t}{4\beta_e}\frac{\mathrm{d}p_L}{\mathrm{d}t} + A_2\frac{\mathrm{d}y}{\mathrm{d}t} \tag{2.29}$$

式中：C'_{ie}——等效泄漏系数，$C'_{ie} = \dfrac{n^3(C_{ip} + C_{ep}) + nC_{ip}}{n^3 + 1}$；

$\quad\quad C'_f$——附加泄漏系数，$C'_f = \dfrac{(1 - n)C_{ip} + C_{ep}}{n^3 + 1}$；

$\quad\quad V'_t$——等效总容积，$V'_t = \dfrac{4n^3 V_2}{1 + n^3}$。

2.1.3　滑阀的线性化流量方程

当活塞正向伸出（$y > 0$）时，阀芯右移，即 $x_v > 0$，则滑阀的线性化流量方程为

$$q_L = \frac{\partial q_L}{\partial x_v}x_v + \frac{\partial q_L}{\partial p_L}p_L \tag{2.30}$$

由式(2.4)、(2.9)和(2.30)可得

$$q_L = q_1 = K_q x_v - K_C p_L \tag{2.31}$$

式中：K_q——流量增益($\mathrm{m^2/s}$)，且 $K_q = C_d w\sqrt{\dfrac{2}{(1 + n^3)\rho}(p_s - p_L)}$（$w$ 表示阀口的周向长度）；

$\quad\quad K_C$——流量-压力系数($\mathrm{m^5/N \cdot s}$)，且

$$K_C = \frac{C_d w x_v}{p_s - p_L}\sqrt{\frac{1}{2(1 + n^3)\rho}(p_s - p_L)}$$

当活塞反向缩回（$y < 0$）时，阀芯左移，即 $x_v < 0$，由式(2.11)和式(2.15)可得滑阀的线性化流量方程为

$$q_L = q_2 = K'_q x_v - K'_C p_L \tag{2.32}$$

2.1.4　液压缸和负载的力平衡方程

当活塞正向伸出（$y > 0$）时，液压缸输出力和负载力的平衡方程为

$$p_1 A_1 - p_2 A_2 = p_L A_1 = m_t\frac{\mathrm{d}^2 y}{\mathrm{d}t} + B_P\frac{\mathrm{d}y}{\mathrm{d}t} + Ky + F_L \tag{2.33}$$

式中：m_t——活塞及负载折算到活塞上的总质量(kg)；

$\quad\quad B_P$——活塞及负载的黏性阻尼系数(N/(m/s))；

$\quad\quad K$——负载弹簧刚度(m/s)；

F_L ——作用在活塞上的任意外负载力（N）。

当活塞反向缩回（$y<0$）时，液压缸输出力和负载力的平衡方程为

$$p_2 A_2 - p_1 A_1 = p_L A_2 = m_t \frac{\mathrm{d}^2 y}{\mathrm{d}t^2} + B_p \frac{\mathrm{d}y}{\mathrm{d}t} + Ky + F_L \tag{2.34}$$

由以上方程可以得到阀控缸系统的传递函数，进而很方便地对系统进行动、静态性能的分析和研究。

2.2　液压系统的建模原理与方法

2.2.1　液压系统的建模原理

1. 液压系统的静、动态特性

液压系统静态特性是指液压系统由瞬态过程进入稳态过程后的输出状态。例如，泵或阀的流量、执行机构的速度、元件的效率、系统的稳定性等。求解静态特性一般须建立静态模型，该模型通常是一组代数方程，然后利用计算机进行数值求解。静态计算除了用于静态设计外，静态稳定值又是动态计算的起点。

动态特性是指控制系统在接收到输入信号以后，从初始状态到最终状态的相应过程，即通称的瞬态响应。对于液压系统来说，主要是指高压管道与高压腔的压力瞬态峰值与波动情况、负载或控制机构（控制阀和变量泵的变量机构）的相应反应速度。求解动态特性需要建立动态模型，该模型通常是一组以时间为独立变量的微分方程。

2. 液压系统方程组形式模型的建立

液压系统仿真通常采用的元件模型表达形式有数学方程和曲线两种。数学方程一般是微分方程，用来描述模型的动态特性；曲线多用来描述静态模型。其中两个最基本的方程是压力区压力计算方程和节流口流量方程。

1）压力区压力计算方程

压力区是指液压系统中由液压泵、液压缸、液压马达的工作腔和管壁、阀口、节流器等界面包围的一个封闭容腔，在同一压力区中压力处处相等。液压系统的动态响应是瞬态过程，此过程中压力的变化可以表示为流入和流出该封闭容腔流量的瞬态变化。液体压力变化的实质是由液体变形（液体的压缩性）引起的。液体变形是可逆的储能过程，当某封闭容腔在瞬态时刻输入的流量 Q_{in} 大于输出流量 Q_{out}，使该容腔中单位质量的液体所占体积减小时，该容腔内的液压力升高，其变化规律遵循以下方程：

$$p = \frac{E_0}{V} \int \sum Q \mathrm{d}t + p_0$$

或写为

$$\dot{p} = \frac{E_0}{V} (Q_{in} - Q_{out}) \tag{2.35}$$

式中：V ——封闭容腔体积；

$\quad\quad E_0$ ——体积弹性模量；

$\quad\quad \sum Q$ ——进出封闭容腔流量的总和；

p_0——初始压力。

2）节流口流量方程

要计算封闭容腔内液压力，必须求出流入、流出压力区的流量。一般根据流量方程可求得

$$Q = C_{\mathrm{d}} A \sqrt{\frac{2}{\rho} |\Delta p|} = B_{\mathrm{d}} A \sqrt{|\Delta p|} \tag{2.36}$$

式中：C_{d}——节流口流量系数；

　　　A——节流口的通流面积；

　　　ρ——流体密度；

　　　B_{d}——综合流量系数。

液压系统最终可以用压力和流量方程组来描述，如式（2.37）所示，并采用数值积分进行求解。在一定的时间 t 内，等式左边的状态变量值可以通过对前一时刻已知状态变量的积分得到。

$$\begin{cases} p_t = f(Q_{t-1}) \\ Q_t = g(p_{t-1}) \end{cases} \tag{2.37}$$

3. 非线性因素

液压系统的非线性可分为连续和非连续两类。连续非线性环节主要有阀的流量特性、管道液阻、油温和黏度等。以式（2.36）所示的阀口流量特性为例，当 Δp 接近于零时，流量曲线有极陡的坡度：

$$\left. \frac{\partial Q}{\partial (\Delta p)} \right|_{\Delta p = 0} = \frac{C_{\mathrm{d}} A}{2 \sqrt{|\Delta p|}} \sqrt{\frac{2}{\rho}} \to \infty$$

这是仿真计算中的刚性问题，解决此问题的有效办法是提出改进的模型，使其易于计算机求解。

非线性中的不连续环节有死区结束点、空穴开始点、挡块作用开始点以及溢流阀的启闭点，会发生导数不连续现象。

4. 仿真模型的降阶处理

仿真模型阶数代表模型包含内容的复杂程度，模型阶数直接影响仿真效果。当模型阶数过低时，会遗漏参数，仿真结果不准确；反之，模型阶数过高，模型的参量增多，使建模仿真的工作量增大。此外，某些经验参量的数值很难准确测定，使仿真结果误差的来源增多，导致仿真效果变差。通常的降阶方法如下：

（1）对于数值难以确定或时变的参量，尽可能在模型中使之不敏感。

（2）如果研究液压系统的静态特性，建模时可只考虑液阻，略去液容、液感影响、执行机构和负载的质量、加速度等。

（3）如果研究液压系统的动态特性，按研究对象而定：如果是短管道低频系统，此时液压执行元件和负载对整个系统的动态特性影响最大，因此要尽量使载荷模型准确。其他响应较快的（如溢流阀）可视为静态元件处理，管道只需计入液容的影响；如果是长管道低频系统，则液容和液感均需计入，一般是采用将管道分为几段进行处理；如果是针对性研究某单个元件，则该元件应作为一个系统来研究，而不是简单地静态处理。

（4）对于复杂的综合系统，由于某些关键元件的数学描述复杂，难以建立数学模型，可采用半实物仿真的方法忽略该元件的数学模型。

2.2.2　液压系统的建模方法

目前，液压系统的建模方法主要有功率键合图法、节点容腔法、解析法、灰箱建模法等，下面分别加以简要介绍。

1. 功率键合图法

功率键合图是研究机械、液压、电气等系统模型的工具，用于表示系统功率流程，即表示系统在各种因素作用下，动态过程中功率的流向、汇集、分配和能量转换等的关系。键图技术是建立在状态变量理论基础之上的研究系统动态特性的技术，通过键合图可直接得到描述系统的状态方程，虽然列方程的方法与其他方法不同，但状态方程的形式完全一样。由一个完全增广定向的键合图模型就可以按照非常规的方式拟定系统方程式，该方法需要遵循的步骤如下：

（1）选定输入能量状态变量及共能量变量。

（2）列出初步的系统方程组。

（3）将初步方程式归并为状态空间形式。

真正意义上的自动建模应该是利用系统的功率键合图模型，由软件根据键合图变量之间的关系，推导出一阶微分方程组，即代表系统特征的状态方程。

功率键合图是一种先进的图形化结构模型，克服了传递函数分析法的某些局限性。功率健合图的状态方程作为数学模型形式，能方便、直观地考察系统中的非线性环节，并得出多个变量的时域解，能更真实地模拟实际工况，提高仿真精度。同时，方程的推导有一定的程式，可有条不紊地进行模式化建模，与现代控制理论中的状态方程建模相比更有优势。近年来，有些学者利用功率健合图和 Simulink 实现液压系统动态仿真，将这两种方法巧妙地结合在一起，先用功率健合图定义模型，然后用 Simulink 仿真，取得了良好的效果。

2. 节点容腔法

节点容腔法是电路原理中的基尔霍夫定律在液压系统中的应用。液压系统既可以看成单个元件，又可以看成一个复杂的组件，其中各构件间的能量或信号传递通常是经过液压管道实现的。在计算机数字仿真中，液压系统可以描述成普通的微分方程组，并采用数值积分进行求解。在求解压力、速度、位移等重要的状态变量来讨论动态特性时，以图 2.2 所示的液压回路为例进行说明。在液压回路中，每个流量总可以归类于某个构件，对于一个液压容腔节点，可以通过基尔霍夫节点法则说明节点上的流量平衡，设 $\sum Q_i$ 是进出该容腔流量总和，则

$$p_i = \int \frac{E_0}{V_i} \sum Q_i \mathrm{d}t \qquad (2.38)$$

式中：V_i ——容腔 i 的体积；

$\quad\quad E_0$ ——油液的有效体积弹性模量；

$\quad\quad \sum Q_i$ ——进出容腔 i 的流量之和。

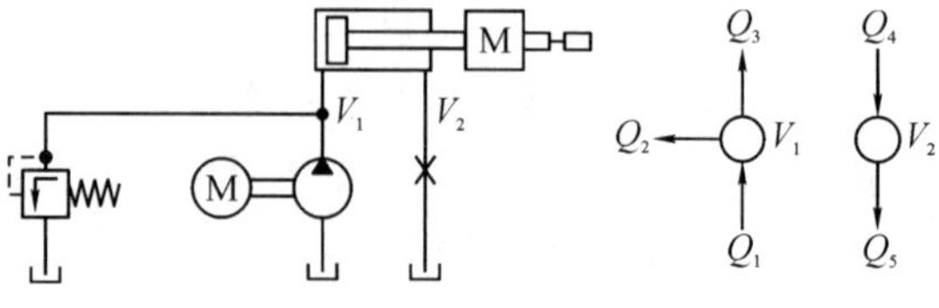

方程中的流量关系对应于液压回路中的

图 2.2　液压原理图与节点表述图

元件连接关系。根据这一原则，在动态特性仿真中，可以把液压管路的交汇点定义为节点，由于液压回路中每个流量总可以归类于某个构件，因此可对每个节点建立流量平衡方程，表达节点压力和进出该节点流量的关系，并采用节点法建立液压系统的集中参数数学模型。

3. 解析法

用解析法建立液压系统数学模型时应着重考虑以下问题：

（1）明确所建模型的目的和要求。

（2）根据建模的目的和要求，确定液压系统与外界的联系，建立合理的边界条件。

（3）选择系统变量或参数，选定输入变量和输出变量，使输入变量的变化能直接引起系统动态特性和响应的变化。

（4）应将系统进一步划分为若干子系统，先对子系统进行分析再合成。

（5）在建模中要进行必要的简化，并作适当的假设，确定系统动态特性的研究重点。

（6）建立用以描述元件或系统动态特性的方程，确定初始条件。

微分方程模型、传递函数、方块图以及信号流图等方法都可归为解析法建模，详细方法在此不再阐述。

4. "灰箱"建模法

上述几种建模方法都视系统为"白箱"，即只要方程的系数确定了，模型便确定了，这就要求对所研究的系统的结构、尺寸和性能等要全面了解，才能准确地确定出其数学模型。但实际上有些性能参数（如流量系数、摩擦阻力等）是难以确定的，往往需借助于经验或资料选取，与实际系统难免有出入。

"灰箱"建模法将液压大系统视为灰色系统，其中有些参数（如元件或系统的结构参数）是已知的，有些性能参数（如阀口流量系数）是待定的。首先利用数学分析方法根据元件在系统中的作用建立元件（子系统）模型，然后根据系统拓扑结构、节点拓扑约束条件和边界条件将子模型组合成液压大系统模型。子模型或大系统模型中的待定性能参数通过对元件或相关系统参数辨识获得。构成的大系统模型采用状态变量模型的形式，所建立的模型不仅适合计算机仿真，准确度高，而且阶数低，"病态"程度大大减轻。

"灰箱"建模法是一种解析与实验相结合的建模方法，其建模流程如图 2.3 所示。

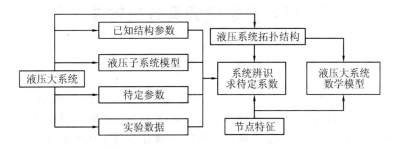

图 2.3　液压系统的灰箱建模方法流程图

在建立元件（子系统）的子模型时，可以采用与系统状态方程相容的形式。若用 X 表示系统中的势变量，V 表示流变量，则元件的子模型可写成下列一般形式：

$$\boldsymbol{V}(t) = f[\boldsymbol{X}(t), \dot{\boldsymbol{X}}(t), V_{\mathrm{m}}(t), \dot{V}_{\mathrm{m}}(t), B, C, \cdots] \tag{2.39}$$

式中：$\boldsymbol{X} = [x_1, x_2, \cdots, x_n]^\mathrm{T}$；

　　B——常数；

　　C——待定系数；

　　$V_\mathrm{m}(t)$——方程推导时可能出现的非状态变量的中间变量。

　　建立液压元件数学模型的依据是力平衡方程、质体运动方程、流量连续性方程或其他物理定律，无论所建子模型的形式如何，均可转换成式(2.39)所表示的用势变量作为自变量的形式。

　　由于子系统模型形成大系统数学模型是靠系统元件间的节点来组织的，子模型的通口数与节点通口数相对应，因此需要满足拓扑约束条件，该条件包括：

　　(1) 节点上的势变量彼此相等，即 $x_1 = x_2 = \cdots = x_r$。

　　(2) 对于双通口节点，流变量相等，即 $v_1 = v_2$；对于多通口节点，流变量代数和等于零，即 $\sum v_i = 0$。

　　(3) 节点上输入的功率与输出的功率相等，即 $\sum N_i = 0$。

　　根据大系统拓扑结构、节点拓扑约束条件和边界约束条件，由子系统模型可以很方便地构成液压大系统模型，构成的大系统模型形式如下：

$$F[\boldsymbol{X}(t), \dot{\boldsymbol{X}}(t), \boldsymbol{U}(t), \ddot{\boldsymbol{X}}(t), B, C, \cdots] = \boldsymbol{0} \tag{2.40}$$

式中：$\boldsymbol{U}(t)$——输入向量和控制向量；

　　F——系统模型方程组控制律。

　　引入新变量，并考虑到输出要求和初始条件，可将式(2.40)转换成用状态变量表示的液压大系统数学模型：

$$\begin{cases} \boldsymbol{D}(t) = F[t, \boldsymbol{X}(t), \boldsymbol{U}(t), \cdots] \\ \boldsymbol{Y}(t) = f[\boldsymbol{X}(t), \boldsymbol{U}(t), \cdots] \\ \boldsymbol{X}(t=0) = \boldsymbol{X}_0 \end{cases} \tag{2.41}$$

式中：$\boldsymbol{Y}(t)$——输出向量；

　　$\boldsymbol{D}(t)$——状态变量 $\boldsymbol{X}(t)$ 的一阶导数；

　　$\boldsymbol{X}_0$——初始条件。

2.3　机电液系统仿真分析软件平台

2.3.1　Matlab/Simulink 仿真软件

　　Simulink 是以 Matlab 为操作平台，专门用于动态系统的建模、仿真以及仿真结果分析的软件包。Simulink 可以用于模拟线性和非线性系统、连续和离散时间系统以及两者混合系统的动态变化过程，同时它也支持具有不同部分拥有不同采样率的多种采样速率的仿真系统，成为系统动态仿真的一个有力工具。

1. Simulink 的功能与特点

　　目前 Simulink 在系统仿真领域中已经得到了广泛的认可和应用，许多专用的仿真系统都支持 Simulink 模型，使用 Simulink 可以方便地进行控制系统、DSP 系统以及其他系统的仿真分析和原型设计。

模块是 Simulink 仿真模型的基本单位，任何复杂的模型都由各基本模块组成。每个模块本质上都是一个应用程序，它和模型之间的关系就如同子程序与主程序。各模块通过信号线连接起来构成系统的仿真模型。

Simulink 为用户提供了一个图形化的用户界面(GUI)。对于用方框图表示的系统，通过图形界面，利用鼠标单击和拖拉方式，建立系统模型就像用铅笔在纸上绘制系统的方框图一样简单，它与利用微分方程和差分方程建模的传统仿真软件包相比，具有更直观、更方便、更灵活的优点，不但实现了可视化的动态仿真，也实现了与 Matlab、C 语言及 Fortran 语言，甚至和硬件之间的数据传递，大大扩展了功能。

Simulink 模块库提供了丰富的描述系统特性的典型环节，有信号源模块库(source)、接收模块库(sinks)、连续系统模块库(continuous)、离散系统模块库(discrete)、非连续系统模块库(signal routing)、信号属性模块库(signal attributes)、数学运算模块库(math operations)、逻辑和位操作库(logic and bit operations)等。此外，还有一些特定学科仿真的工具箱，每个子模型库中包含有响应的功能模块，用户也可以自定义创建自己的模块。利用这些模块可以直接对每个状态方程建立仿真模块，创建子系统，然后根据状态方程中变量间的传递关系，将各个子系统连接起来构成一个大系统，这样就得到了系统仿真模型。

2. Simulink 的仿真求解器

Simulink 求解器是系统仿真的核心，Simulink 的求解器可分为离散求解器和连续求解器，其各种解法及其说明如表 2.1 所示。

表 2.1　Simulink 解法及其说明

Simulink 解法	解法说明
ode45	此解法基于 Dormand-Prince 4-5 阶 Runge-Kutta 公式，通常情况下是最好的单步解法
ode23	此解法基于 Bogachi-Shampine 2-3 阶 Runge-Kutta 公式，对于轻度刚性方程比 ode45 更有效。对于相同的精度，其需要比 ode45 更小的步长
ode113	此解法为变阶次的 Adams-Bashforth-Moulton 解法，在相同精度下，其比 ode45 或 ode23 更快些，但不适用于不连续系统
ode15S	此解法基于最新的数值差分公式，为刚性系统的变阶次多步解法
ode23S	此解法为刚性方程的固定阶次的单步解法
discrete	针对无连续状态系统的特殊解法
ode5	ode45 的确定步长的函数解法
ode4	使用固定步长的经典 4 阶 Runge-Kutta 公式的函数解法
ode3	ode23 的确定步长的函数解法
ode2	使用固定步长的经典 2 阶 Runge-Kutta 公式的函数解法
ode1	固定步长的 Euler 法

1）离散求解器

离散系统的动态行为一般可以由差分方程描述。离散系统的输入与输出仅在离散的时刻上取值，系统状态每隔固定的时间才更新一次；而 Simulink 对离散系统的仿真核心是对离散系统差分方程的求解。因此，Simulink 可以做到对离散系统仿真的绝对精确（除去有限的数据截断误差）。

在对纯粹的离散系统进行仿真时，需要选择离散求解器对其进行求解。用户只需选择 Simulink 仿真参数，设置对话框中求解器选项卡中的 discrete（no continuous state 选项），即没有连续状态的离散求解器，便可以对离散系统进行精确的求解与仿真。

2）连续求解器

与离散系统不同，连续系统具有连续的输入与输出，并且系统中一般都存在着连续的状态变量。连续系统中存在的状态变量往往是系统中某些信号的微分或积分，因此连续系统一般由微分方程或与之等价的其他方式进行描述，这就决定了使用数字计算机不可能得到连续系统的精确解，而只能得到系统的数值解。

Simulink 在对连续系统进行求解仿真时，其核心是对系统微分或偏微分方程进行求解。因此，使用 Simulink 对连续系统进行求解仿真时所得到的结果均为近似解，只要此近似解在一定的误差范围之内便可。对微分方程的数字求解有不同的近似解法，因此 Simulink 的连续求解器有多种不同的形式，如变步长求解器 ode45、ode23、ode113，以及定步长求解器 ode2、ode3、ode4 等。采用不同的连续求解器会对连续系统的仿真结果与仿真速度产生不同的影响，但一般不会对系统的性能分析产生较大的影响，可以通过设置具有一定误差范围的连续求解器进行相应的控制。对于定步长连续求解器，并不存在误差控制的问题，只有采用变步长连续求解器，才能根据积分误差修改仿真步长。在对连续系统进行求解时，仿真步长计算受到绝对误差与相对误差的共同控制，系统会自动选用对系统求解影响最小的误差步长计算进行控制。只有在求解误差满足相应的误差范围的情况下才可以对系统进行下一步仿真。

由于连续系统状态变量不能够被精确地计算出来，因而积分的误差值同样也是一个近似值。通常，连续求解器采用两个不同阶次的近似方法进行积分，然后计算它们之间的积分差值作为积分误差。如果积分误差满足绝对误差或相对误差，则仿真继续进行；如果不满足，则求解器尝试一个更小的步长，并重复这个过程。当然，连续求解器在选择更小步长时采用的方法也不尽相同。如果误差上限值的选择或连续求解器的选择不适合求解的连续系统，则仿真步长有可能变得非常小，此时仿真变得非常慢。

对于实际的系统而言，很少有纯粹的离散系统或连续系统，大部分系统均为混合系统。连续变步长求解器不仅考虑了连续状态的求解，而且考虑了系统中离散状态的求解。连续变步长求解器首先尝试使用最大步长（仿真起始时采用的初始步长）进行求解，如果在这个仿真区间内有离散状态的更新，步长便减小到与离散状态的更新吻合。

3. Simulink 仿真运行原理

利用 Simulink 对系统模型的仿真主要包含两个阶段。

1）初始化阶段

（1）每个模块的所有参数都传递给 Matlab 进行求值，得到的数值作为实际参数使用。

（2）展开模型的层次结构，每个子系统被它们所包含的模块替代，带触发和使能模块的子系统被视为原子单元进行处理。

（3）检查信号的宽度和模块的连接情况，提取状态和输入、输出依赖关系方面的信息，确定模块的更新顺序。

（4）确定状态的初值和采样时间。

2）运行阶段

初始化之后，仿真进入运行阶段。仿真是由求解器控制的，它计算模块的输出，更新离散状态，计算连续状态。在采用变步长求解器时，求解器还会确定时间步长。计算连续状态包含下面两个步骤。

（1）求解器为待更新的系统提供当前状态、时间和输入值，反过来，求解器需要状态导数的值。

（2）求解器对状态的导数进行积分，计算新的状态值。

状态计算完成后，再进行一次模块的输出更新。这时，一些模块可能会发出过零的警告，促使求解器探测出发生过零的准确时间。

Simulink 的仿真过程是在 Simulink 求解器和系统相互作用下完成的，系统和求解器在仿真过程中的对话作用如图 2.4 所示。其中，求解器的作用是传递模块的输出，对状态导数进行积分，并确定采样时间。系统的作用是计算模块的输出，对状态进行更新，计算状态的导数，生成过零事件。从求解器传递给系统的信息包括时间、输入和当前状态；反过来，系统为求解器提供模块的输出、状态的更新和状态的导数。

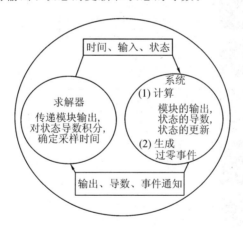

图 2.4　系统求解器之间的对话

在仿真中，Simulink 更新状态和输出都要根据事先确定的模块更新次序进行，而更新次序对仿真结果的有效性来说非常关键。特别当模块的输出是当前时刻输入值的函数时，这个模块必须在驱动它的模块被更新之后才能被更新，否则，模块的输出将没有意义。

为了建立有效的更新次序，Simulink 根据输入和输出的关系将模块分类。其中，当前输出依赖于当前输入的模块称为直接馈入模块，所有其他的模块都称为非直接馈入模块。基于上述分类，Simulink 使用下面两个规则对模块进行排序：

（1）每个模块必须在它驱动的模块中的任何一个之前被更新。

（2）非直接馈入模块可以按任何次序更新，只要它们在所更新的直接馈入模块之前更新。

2.3.2　ADAMS 仿真软件

1. 基于 ADAMS 的建模与仿真步骤

用 ADAMS 进行建模、仿真和分析应遵循的步骤如图 2.5 所示，各步骤简述如下。

（1）建造模型。创建零件模型，并给其施加约束、运动和各种作用力。

（2）测试模型。通过定义测量量，对模型进行初步仿真，通过仿真结果检验模型中各个零件、约束及力是否正确。

（3）校验模型。导入实际实验测试数据，与虚拟仿真的结果进行比较。

（4）模型的细化。经过初步仿真确定了模型的基本运动后，可以在模型中加入更复杂的单元，如在运动副上加入摩擦，用线性方程或一般方程定义控制系统，加入柔性连接件等，使模型与真实系统更加近似。

（5）模型的重新描述。加入各种参数对模型进行描述，当用户对模型进行更改时，这些参数自动发生变化，使相关改动自动执行。

（6）优化模型。对模型进行参数分析，优化设计。

（7）定制用户自己的环境。用户可以定制菜单、对话框，或利用宏使许多重复工作可以自动进行。

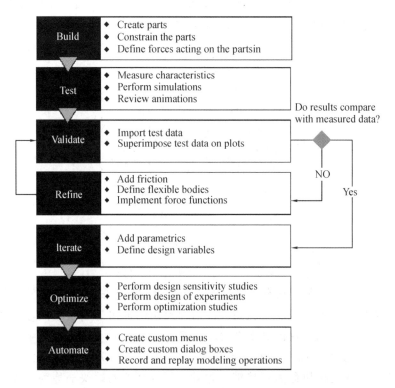

图 2.5　ADAMS 建模分析的基本步骤

2. ADAMS 的建模与分析功能

1）ADAMS 的建模功能

ADAMS/View 具有较为强大的实体建模功能，能够对零件质量、质心、惯性矩等进行自动计算，并能加入材料、色泽等特征信息。对于外形不是很复杂的零件，用 ADAMS/View 建模较为方便。

（1）ADAMS 中的零件。ADAMS/View 提供了完整的零件库，用户可以通过零件库创建刚体、柔性零件和质点等不同类型的零件，当零件建好后，ADAMS 可以自动算出零件的质量（零件的体积乘以零件材料的密度）、质心位置及沿各个轴的惯性矩、惯性积。

（2）给零件施加约束和运动。约束定义了零件（刚体、柔性体、质点）是如何相互连接及零件之间如何相对运动的。ADAMS/View 中提供的约束模型库包括以下四种约束（含运动）：理想关节，如转动关节（铰链）或平动关节（滑块）；原始关节，如限制一个零件的运动必须与另一个零件相平行；接触，定义在仿真过程中，当零件相互接触时如何反应，包括凸轮副、接触力等；运动生成器，定义各种相对运动，用以驱动模型。

加入约束可以减少系统的自由度数，ADAMS/View 中每种约束都减少不同的自由度数。例如，一个旋转铰链去掉了三个平动自由度和两个转动自由度，使两个零件之间只有沿共同轴线转动的自由度。这种只允许一种运动的约束叫作单自由度关节，ADAMS/View 中也提供了二自由度和三自由度的关节，如球铰限制了三个平动自由度，允许三个转动自由度，属于三自由度关节。当进行仿真时，ADAMS 的分析器——ADAMS/Solver 能够自动计算模型系统的总自由度数及是否存在冗余约束。

（3）给零件施加作用力。ADAMS/View 提供多种力的模型，包括各种方向力和力矩、重力、弹簧阻尼器等。定义力时，可以指定力是平动的还是转动的，受力物体，施力物体，力的作用点、大小和方向。对于不同类型的力，指定力的大小也有不同的方法，如对于弹簧力，可以简单定义其弹性系数和阻尼系数，也可以用 ADAMS 内置的函数表达式定义力。内置函数包括：位移、速度、加速度函数，可使力和运动相关；力的函数，使力和其他力相关，如库仑摩擦力和正压力相关；数学函数，如呈正弦、余弦规律变化的力；插补曲线函数，力由曲线上的各点数据决定，如马达的力矩－速度曲线；碰撞函数，力的作用如同一个压簧阻尼器，当物体间歇接触时，阻尼器或开或关。

2）ADAMS 的分析功能

ADAMS 具有强大的运动学、动力学分析功能。

（1）ADAMS 中的测量。在用 ADAMS 模拟仿真过程中或过程之后，可以定义一些测量量。模型中几乎所有的特性量都可以被测量，如弹簧提供的力，物体间的距离、夹角等。在定义了这些测量量后，当进行仿真时，ADAMS/View 自动显示出测量量的曲线图，用户可以看到仿真和测量的结果。在 ADAMS 中，测量分为两类，一类是 ADAMS 预先定义好的，一类是用户可以自己定义的。

① 预定义的测量。预定义的测量包括：对实体对象的测量，可以测量模型中关于零件、力、约束的各种特征量；对点的测量，可以测量关于点的各种特征量；点到点的测量，可以测量一个点相对另一个点的运动学特征量；对姿势的测量，可以测量用已知描述方法描述的不同坐标系下的位姿；对角度的测量，可以测量空间任意三点所组成的角度，也可以测量两个向量间的角度；范围的测量，可以测量其他测量量的统计量。表 2.2～2.5 具体列出了各种预定义的测量所能测的特征量。

表 2.2　可测量的实体特征量

对　象	可测量的量
零件	质心位置，质心速度，质心加速度，质心角速度，质心角加速度，动能，平动动能，转动动能，平动动量，对质心的转动动量，势能增量
质点	质心位置，质心速度，质心加速度，动能，平动动能，转动动能，势能增量
弹性体	质心位置，质心速度，质心加速度，质心角加速度，动能，平动动能，转动动能，平动动量，对质心的转动动量，势能增量，应变势能(strain kinetic energy)
力，力矩，弹簧阻尼器等	单元力(element force)，单元扭矩(element torque)，平动位移，平动速度，平动加速度，角速度，角加速度
约束	约束上的力，扭矩，平动位移，平动速度，平动加速度，角速度，角加速度
曲线-曲线约束，点-曲线约束，如凸轮副	压力角，单元力，接触点位置
运动	功耗(power consumption)，单元力，单元扭矩，平动位移，平动速度，平动加速度，角速度，角加速度
力向量，力矩向量，一般力	单元力，单元扭矩

表 2.3　可测量的点的特征量

对　象	可测量的特征量
刚体坐标系的原点	点上的合力，点上的合力矩，某一位置的合力，某一位置的合力矩，平动位移，平动速度，平动加速度，角速度，角加速度
柔性体上的坐标原点	点上的合力，点上的合力矩，某一位置的合力，某一位置的合力矩，平动位移，平动速度，平动加速度，角速度，角加速度，角应变，角应变速度，角应变加速度，平动应变，平动应变速度，平动应变加速度

表 2.4　可测量的点到点的特征量

对　象	可测量的特征量
任意两坐标系间，任意两点间	平动位移，平动速度，平动加速度，角速度，角加速度

表 2.5　可测量的姿势的特征量

对　象	可测量的特征量
任意模型对象	Euler 角，Yaw，Pitch，Roll，Ax，Ay，Az Projection Angles，Bryant 角，按任何顺序绕绝对坐标系或相对坐标系(如 $X-Y-Z$，$x-y-z$ 等)的旋转角度，X、Y、Z 表示绕绝对坐标系旋转，x、y、z 表示绕相对坐标系旋转，Euler 参数，Rodriguez 参数，方向余弦

② 用户自定义的测量。用户自定义的测量(user-defined measures)包括：用户定义的设计表达式，表达式中可含有 ADAMS/View 中的任意变量，ADAMS/View 在仿真中或仿

真后对其进行求算；用户自己定义的函数表达式，表达式中可以使用用户在 ADAMS/Solver 中自定义的任何子程序，同时可以使用高效的 ADAMS/Solver 描述语言。

（2）使用数据单元和系统单元。为便于分析计算，ADAMS 中采用变量设计技术来确定零件的尺寸和形状，零件、约束、力都可以用复杂的变量参数或表达式来描述。例如，可以用一些离散点来描述运动的轨迹，或用形如方程（2.42）的表达式来描述弹簧力。

$$
\begin{bmatrix} F_x \\ F_y \\ F_z \\ T_x \\ T_y \\ T_z \end{bmatrix} = - \begin{bmatrix} K_{11} & 0 & 0 & 0 & 0 & 0 \\ 0 & K_{22} & 0 & 0 & 0 & 0 \\ 0 & 0 & K_{33} & 0 & 0 & 0 \\ 0 & 0 & 0 & K_{44} & 0 & 0 \\ 0 & 0 & 0 & 0 & K_{55} & 0 \\ 0 & 0 & 0 & 0 & 0 & K_{66} \end{bmatrix} \begin{bmatrix} x \\ y \\ z \\ a \\ b \\ c \end{bmatrix}
\tag{2.42}
$$

式中：F_x、F_y、F_z、T_x、T_y、T_z——力（含力矩）沿各个坐标轴的分量；

x、y、z、a、b、c——平动和转动位移分量。

在这些模型参数化的过程中，需要定义系统单元和数据单元。

系统单元包括微分方程、一般状态方程、线性状态方程、传递函数和状态变量，用于在各种情况下对模型进行数学描述。用户在创建系统单元时可以引用数据单元。

数据单元包括数组、曲线、样条曲线、矩阵和数据串。创建了数据单元后，用户可以在定义模型对象时使用它们。

数据单元自身是不起任何作用的。它们要被用于其他的 ADAMS 对象或用户自己定义的函数表达式或子程序中。例如，在定义一个力时，力与变形的关系方程就可以用到系数矩阵。又如，可以用样条曲线来描述一个零件的运动。表 2.6 列出了各类数据单元及其主要应用。

表 2.6　数据单元类型及其应用

单 元	定 义	应 用
数组	定义一组输入值、变量或初始条件	线性方程，一般方程，传递函数和实时函数
曲线	定义三维参数曲线，曲线的点可以直接指定，也可以通过子程序指定	用于凸轮线-线和点-线约束，B 样条曲线和实时函数
样条曲线	为插补定义离散数据	AKISPL 和 CUBSPL 实时函数
矩阵	输入二维数值数组	线性方程，曲线
数据串	定义字符串	TIRSUB 用户自定义子程序，GTSTRG 用户自定义子程序

3. 基于 ADAMS 的模型仿真与参数优化

1）基于 ADAMS 的模型仿真

模型建好后，可以在模型上进行多次仿真来研究不同操作条件下模型的运行性能。在仿真过程中，ADAMS/View 设置模型中所有对象的初始条件，建立适当的运动方程，确定模型中的对象在给定力和约束的条件下如何运动，根据用户指定的精度解方程，临时保存仿真计算中的所有数据便于今后分析，用户也可以将仿真数据永久保存在模型数据库中。

ADAMS/View 在模型仿真和解方程的同时，将计算结果作为动画一帧帧输出。仿真结束后，还可以重复放映动画，由于此时不再进行计算，动画速度会大大加快。在仿真中还可以自动创建测量量的曲线图，缺省情况下，曲线图中的测量量是随时间变化的，用户也可以定义测量量随其他量变化。

2）模型参数化

为了便于对建立好的模型进行改进，ADAMS/View 提供了许多参数化工具，使模型参数的改进可以自动进行。模型参数化在模型中建立了一种联系，当用户改变一个对象时，ADAMS/View 可自动更新与之相关的其他所有对象。常用的模型参数化方法有使用表达式、将关键点参数化、使用设计变量等。

表达式是所有参数化法的基础。用户可以指定 ADAMS/View 中几乎所有模型的数据，这些数据可以是常数，也可以是随模型中其他对象的值而更改的表达式。定义了一个表达式后，ADAMS/View 就将其储存，当表达式的值发生改变时，系统自动更新。

关键点参数化是把模型中几何形体参数化最简单的方法。一旦在某一重要位置指定一个点，并基于这个点构造其他模型对象，当移动这个点时，相关的对象都会自动更新。实际上，在把关键点参数化时，ADAMS 自动在后台创建相关的表达式，而用户并不需要了解表达式的具体内容和确切含义，因此这种方法比直接定义表达式简单方便。

设计变量使用户能创建自己的独立参量来控制模型中的对象。例如，模型中有三个圆柱体，要想使它们具有相同的长度，就可以定义一个叫"圆柱长度"的变量，用这个设计变量来控制三个圆柱体的长度。另外，可以用参数分析（设计研究（design study）、实验设计（design of experiments）、优化（optimization））方法改变设计变量，自动运行一系列的模拟仿真。

3）模型参数分析与优化

参数分析方法研究的是设计变量对模型性能的影响。在参数分析中，ADAMS/View 改变设计参数的值，进行一系列模拟仿真过程，反馈得到参数变化对目标值的影响。

ADAMS/View 提供三种参数分析方法：研究设计、实验设计和优化。研究设计显示改变一个设计变量对目标值所产生的影响，用户指定某一设计变量在一定范围内变化，对变量的每一次赋值，都进行一次仿真，并得出每次仿真的测量结果。实验设计显示改变几个设计变量所产生的效果，确定哪个设计变量或设计变量的组合对模型目标量的影响最大。优化是通过调整设计变量的值得到所测特征量的极大或极小值。用户可以设置变量的变化范围，并加入约束条件，使优化设计得到全面界定。使用优化方法，可以找到设计变量的最优解。这三种方法可以单独使用也可以一起使用，当一起使用时则可以更全面地了解模型的性能。研究设计和实验设计可以研究变量变化如何影响模型性能，优化则可以找到一组特定的设计变量值的组合使某一性能达到最优。

2.3.3　AMESim 仿真软件

1. AMESim 软件概述

AMESim（advanced modeling enviroment for performing simulation of engineering systems）为多学科领域复杂系统建模仿真平台，用户可以在这个单一平台上建立复杂的多学科领域模型，并在此基础上进行仿真计算和深入分析，也可以在这个平台上研究任何元件或系统的稳态和动态性能，可为流体、液体、气体、机械、控制、电磁等工程系统提供一个较完善的综合仿真环境及最灵活的解决方案。

AMESim 软件具有以下特点：

（1）图形化物理建模方式使得用户可以从烦琐的数学建模中解放出来，从而专注于物理系统本身的设计。建模的语言是工程技术语言，仿真模型的扩充或改变都通过图形用户界面 GUI 来进行，不需要编写任何程序代码。

（2）AMESim 采用变步长、变阶数、变类型、鲁棒性强的智能求解器，根据用户所建模型的数学特性自动选择最佳的积分算法，并根据不同仿真时刻系统的特点，动态地切换积分算法，调整积分步长，以缩短仿真时间，提高仿真精度。而内嵌式数学不连续性处理工具有效地解决了数值仿真的"间断点"问题。

（3）仿真范围广，实现了多学科的机械、液压、气动、热、电和磁等领域的建模和仿真，且不同领域的模块之间可直接进行物理连接。

（4）基本元素理念确保用户用尽可能少的单元构建尽可能多的系统。这种理念的巨大优越性在于工程师只需要掌握较少的系统建模"字母"就可以建模，从而通过减少学习时间和避免数学建模来提高工作效率。

（5）保留了数学方程级、方块图级、基本元素级和元件级四个层次的建模方式，不同的用户可以根据自己的特点和专长选择适合自己的建模方式（或多种方式综合使用）。

（6）提供了线性化分析工具（如系统特征值求解、Bode 图、Nyquist 图、根轨迹分析）、模态分析工具、频谱分析工具（如快速傅里叶转换、阶次分析、频谱图）以及模型简化工具，以方便用户分析和优化自己的系统。

（7）具有动态仿真、稳态仿真、间断连续仿真以及批处理仿真等多种仿真运行模式。

（8）提供了丰富的和其他软件的接口，比如 Simulink、ADAMS、Simpack、Flux2D、RTLab、dsPACE、iSIGHT 等。

AMESim 已经成功地应用于航空航天、车辆、船舶、机械工程等多学科领域，成为包括流体、机械、热分析、电气、电磁以及控制等复杂系统建模和仿真的优选平台。

2. AMESim 的液压仿真基础

1）AMESim 的液压库概述

AMESim 中共有 3 个液压应用库，用于仿真等温（isothermal）、单相（single-phase liquid）工作油液元件及其系统。

（1）液压库（hydraulic）如图 2.6 所示，主要由用于仿真液压系统的内置（built-in）的元件组成（通过它们的液压特性来定义），也称为基本液压库。其他库都需用到该库中一些基本液压元部件模块，如流体特性、液压源、传感器等。液压库中的元件会被经常使用到，尽管它们不是必不可少的，但是它们的存在可以大大提高建模效率，如节点、节流和容积元件、泵、管道等。

（2）液压元件设计（hydraulic component design，HCD）库如图 2.7 所示，引入基本元素理念，采用工程结构单元细分的方法，使得用户可以通过尽可能少的结构单元模块构建尽可能多的工程系统模型，如喷油器、控制阀等仿真模型。该库非常适合对非标的液压元部件的动态特性进行建模和分析。

（3）液阻库（hydraulic resistance，HR）如图 2.8 所示，主要是用于液压管网中各处的压力损失和流量分布计算的应用库。液压管网中可以包含弯管、分叉管、渐缩管、渐扩管、突缩管、突扩管、轴承等特殊元件。

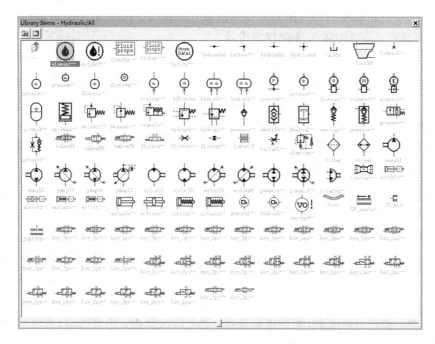

图 2.6　液压库（hydraulic）元件

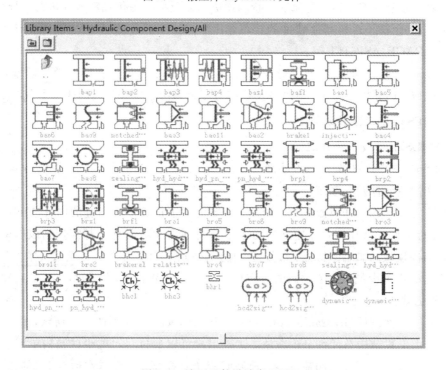

图 2.7　液压元件设计库（HCD）

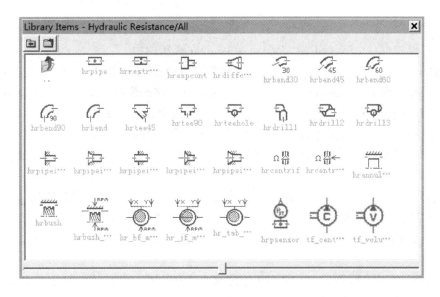

图 2.8　液阻库（HR）

2）AMESim 中的液压流体特性

在液压计算中，用于处理流体动态特性的三个基本特性为：密度（density）——质量特性；体积模量（bulk modulus）——可压缩性；黏度（viscosity）——阻尼特性。

在 AMESim 中，需要给液压元件指定其流体特性，如图 2.9 所示，即在 AMESim 的草图模式（sketch mode）中插入一个流体特性图标用于定义流体的特性，并具有不同复杂程度的子模型可供选择。与此相对应，在液压元件模型参数中用"Index of hydraulic fluid"参数作为一个标示，为该液压元件指定特定的流体特性。

Title	Value	Unit	Tags
type of fluid properties	simplest		
index of hydraulic fluid	0		
temperature	40	degC	
name of fluid	unnamed fluid		
General properties			
density	850	kg/m**3	
bulk modulus	17000	bar	
absolute viscosity	51	cP	
Aeration			
saturation pressure (for di···	0	bar	
air/gas content	0.1	%	
polytropic index for air/ga···	1.4	null	

图 2.9　AMESim 中流体特性定义

（1）压缩性。在 AMESim 中，流体的可压缩性通过体积模量（bulk modulus）来定义，该体积模量通过压力变化和体积变化来定义：

$$B = -V \frac{\delta P}{\delta V} \tag{2.43}$$

定义一个容腔的液压刚度：

$$K_{\text{hyd}} = \frac{B}{V} \tag{2.44}$$

空气可以掺混(entrapped)或溶解(dissolved)在液压油中。

掺混空气(entrapped air):空气以气泡的形式存在于液压油中,空气保持本身气体状态。这些气泡可改变流体的可压缩性。此时,采用有效体积模量(effective bulk modulus)。

溶解空气(dissolved air):空气可以溶解在液压油中。一定数量的空气分子成为液体的一部分,溶解空气不影响流体的可压缩性。由亨利定律(Henry's law)可知,空气在给定液体中的溶解率直接和空气在该液体上的绝对压力成正比。对于经典的液体,该绝对压力就是空气压力。

空气释放(air release):根据液压油所承受的压力不同,空气可以从掺混状态变化至溶解状态(反之亦然)。想象一下开启汽水瓶或者啤酒瓶时看到的现象。

饱和压力(saturation pressure):临界压力,高于该压力不再有空气可以溶解在液体中。

在 AMESim 中,饱和压力参数用于指定高于该压力后,所有的空气全部溶解,对流体的可压缩性没有影响。低于该压力,流体的体积模量是混入空气的百分比和压力的函数。

(2)气蚀。在流体系统中,气蚀是指液体中空气或者气体空穴的变形或者融合现象。如果压力足够低,液体开始蒸发并形成蒸汽空穴。液体开始蒸发时的压力叫作蒸发压力(vapor pressure),蒸发压力也是流体特性参数之一。

(3)密度。流体的密度(density)ρ 定义为单位体积的质量。流体的密度是压力、温度和流体种类的函数。

(4)质量守恒。在 AMESim 中,体积模量和密度的协调确保了质量守恒定律。在空气释放以及气穴的作用下,体积模量会发生变化,该体积模量的变化同时意味着密度的变化。

注意:在 AMESim 标准液压库中不考虑温度对流体特性的影响,同时也假设在整个流体回路中各处的温度保持不变。如果认为该假设太过严厉,那么可以采用热液压方面的库(thermal hydraulic libraries)。

3)AMESim 中的节流口

AMESim 节流模型如图 2.10 所示。

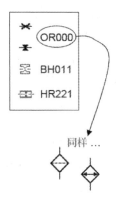

图 2.10　AMESim 中的节流口模型

　　流量系数 C_d 与流动状态(flow regime)及节流口的几何形状相关,通常由实验获得。流动状态通过雷诺数来表征(Reynolds number)。

　　AMESim 中的参数之一是最大流量系数,缺省值是 0.7,通常取为 0.6~0.8。

　　根据是惯性(inertia)起主导作用还是黏性(viscous)起主导作用,存在两种流动状态:层流(laminar),流动非常平稳;紊流(turbulent),流体的运动不规则,在下游存在紊乱及涡流等。这两种流动状态和雷诺数相关(Reynolds number)。

$$\text{Re} = \frac{U \cdot D_h}{\nu} = \frac{Q}{A} \frac{D_h}{\nu} \tag{2.45}$$

式中: D_h ——水力直径;

　　　A——流通截面积;

　　　ν——液体的运动黏度。

　　由于 $Q = f(C_q)$, $C_q = f(\text{Re})$,又因为 $\text{Re} = f(Q)$,所以会产生代数环。

　　在 AMESim 中,为了避免上述代数环,引入一个新的系数——λ 流数(flow number):

$$\lambda = \frac{D_h}{\nu} \sqrt{\frac{2}{\rho} (P_{up} - P_{down})} \rightarrow \lambda = \frac{\text{Re}}{C_q} \tag{2.46}$$

　　与用于区分层流和紊流状态的临界雷诺数(critical Reynolds number)相对应,在AMESim 中采用一个临界流数(critical flow number) λ_{crit}:

$$\lambda_{crit} \approx \frac{\text{Re}_{crit}}{C_{q\max}} \tag{2.47}$$

　　在 AMESim 中采用两种方式来定义一个节流口,如图 2.11 所示,节流口模型的第一个参数就是选择采用何种方式定义节流口。

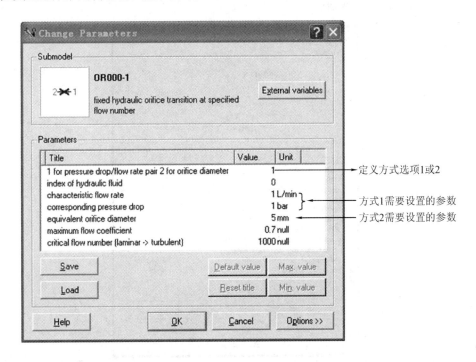

图 2.11　节流口的定义方式

　　在 AMESim 中也有直接可以使用的短管节流模型，如 OR004、BH013 模块，C_q 和 lcrit 由 AMESim 根据 L/D（长度直径比）计算得到。对于截面形状不是圆形的节流口，用户可以设定水力直径和过流面积，如 OR002 模块。另外，节流口子模型也可采用查表或者直接计算公式来定义节流口，其中表格是一序列的 dP/dQ 对。

　　4）AMESim 中的液动力

　　当液流流经阀口时，液流速度的大小和方向发生变化，其动量变化对阀芯产生反作用力，这就是作用在阀芯上的液动力（jet force）。根据动量定理可以得到液动力近似计算式：

$$F_{\text{jet}} = \rho \frac{Q^2}{C_q A x_{\text{spool}}} \cos\theta_t = 2 C_q A x_{\text{spool}} \Delta p \cos\theta_t \tag{2.48}$$

式中：C_q ——液流通过阀口的流量系数；

　　　　Δp ——阀口上的压降；

　　　　x_{spool} ——阀口的开度；

　　　　A ——阀口的通流面积；

　　　　θ_t ——射流角；

　　　　ρ ——油液的密度。

　　该力可以看作是可变刚度，对阀起到稳定的作用。

　　1917 年，冯·密塞斯在假定阀口处的流动为二维、无旋、液流无黏性、不可压缩和滑阀无径向间隙的条件下，通过解拉普拉斯方程得到了射流角的理论解为 69°时的液动力最小，后来被实验证实。AMESim 中对于简单的模型射流角取常数，如图 2.12 所示，对于复杂的模型认为射流角是变化的，可以通过实验数据的输入进行仿真，用户也可以将液动力定义为阀芯位移和压差的函数。

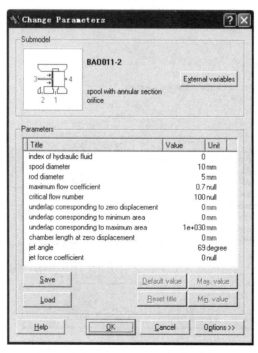

图 2.12　射流角取常数的模块

5）AMESim 中的管道模型

AMESim 中管道模型的建立就是在两个液压模块之间加上一个连线。根据管道所连接的两个液压模块的子模型不同，可供选择的子模型列表中的子模型也不同（因为 causality（因果关系）不一样）。

在管道中可以独立或者同时考虑 3 种流体现象：

（1）Compressibility（C 容性）：压力计算。

（2）Friction（R 阻性）：沿程压力损失。

（3）Inertia（I 惯性）：波动效应。

管道模型中包括集中参数（lumped parameter）模型（"1 node"）和分布参数（distributive paramcter）模型（"5 nodes"）。

集中参数模型：管路中表征管道在特定时刻状态的某些变量（如压力），有时假定在管路中这些变量随位置的变化非常小，对于计算是非常方便的，这种情况下，只考虑该变量随时间的变化。

分布参数模型：管道在空间上被分割成不同的单元，在 AMESim 中，每个管道模型分成 5 个单元，相关的计算基于有限元方法。

AMESim 中引入了一个新的管道模型——采用 Godunov 方法的模型。该方法通过一种算法进行局部积分，该算法本质上是显性算法，但是对信息源采用隐性公式。该管道模型同时考虑 3 种物理现象，通过 20 个节点的压力和流量（状态变量）矩阵来计算。

AMESim 中最复杂的管道模型是频率相关摩擦模型。表 2.7 中总结了不同管道模型以及相关物理现象。

表 2.7　不同管道模型及其相关物理现象

类型	Lumped(L)/ Distributive(D)	Causality	因素					
			Fluid Compress bility	Friction	Fluid inertia	Wave phenomena	frequency dependent friction	Wall compliance
Direct	—	—						—
HL000	L	C	√					√
HL021	L	IR	√	√				
HL01 HL02 HL03	L	C-R R-C-R C-R-C	√	√				√
HL04 HL05 HL06	L	C-IR IR-C-IR C-IR-C	√	√	√	√		√
HL004 HL005 HL006	L	C-IR IR-C-IR C-IR-C	√	√	√	√	√	√
HL10 HL11 HL12	D	C-R-＊＊＊-C-R R-C-＊＊＊-C-R C-R-＊＊＊-R-C	√	√				√

类型	Lumped(L)/Distributive(D)	Causality	因　素					
			Fluid Compress bility	Friction	Fluid inertia	Wave phenomena	frequency dependent friction	Wall compliance
HL020 HL021 HL022	D	C-IR- * * * -C-IR IR-C- * * * -C-IR C-IR- * * * -IR-C	√	√	√	√		√
HL20 HL21 HL22	D	C-IR- * * * -C-IR IR-C- * * * -C-IR C-IR- * * * -IR-C	√	√	√	√		
HL030 HL031 HL032	D	C-IR- * * * -C-IR IR-C- * * * -C-IR C-IR- * * * -IR-C	√	√	√	√	√	√

在 AMESim 中仿真时管道模型的选择可从以下几个方面考虑：

（1）长度/直径（L/D）比：当该比值小于 6 时，摩擦可以忽略不计，应选择不考虑压降计算的管道模型（即没有 R 单元的）。

（2）耗散数（dissipation number，DN）：当该值小于 1 时，意味着对波动效应的考虑非常重要。如果该值介于 10^{-3} 和 1 之间，那么需要考虑选用频率相关摩擦模型。

（3）管道中波沿管道传输的时间（T_{wave}）：如果该时间小于仿真设定的通信时间 communication interval（所需要的采样时间），那么没有必要选择波动效应的模型。

6）AMESim 中的因果规则

AMESim 采用复合接口的思想，每个液压元件模型都有不同类型的端口，每个端口都可以双向交换信息，而且每个液压元件模型都有一个特定的因果规则。在液压端口中，主要有阻性元件（R，Restrictive）和容性元件（C，Capacitive）。为了能够连接两个元件，第一个元件连接端口的输入、输出变量要分别和第二个元件连接端口的输出和输入变量一致。图 2.13 所示为阻性元件与容性元件的接口关系规则。

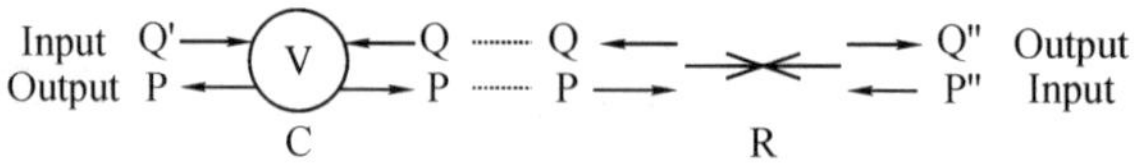

图 2.13　阻性元件与容性元件的接口关系规则

上述规则的例外情况：

（1）通常情况下，一个端口的输入必须要和相连元件端口的输出对应，但是对于带有缺省输入（input with default）的变量，如果相应端口没有输出变量相对应，那么该输入采用缺省值，如图 2.14 所示的 HCD 库中的容积模块的容积变量（volume variable）。

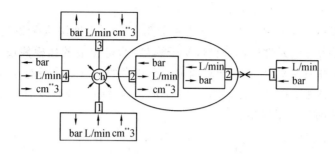

图 2.14　HCD 库中的容积模块

（2）一个元件端口的输出并不需要相连端口的输入，如图 2.15 所示的一些液压源模型不需要任何输入。

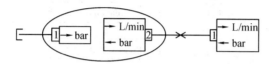

图 2.15　液压源模块

根据规则可知，AMESim 中液压方面的应用库元件可交换的变量有：液压变量（包括体积流量、压力和体积）、信号变量、平动机械变量和转动机械变量。

3. AMESim 软件的使用方法

利用 AMESim 对液压系统进行仿真建模一般要进行以下 4 个步骤：草图模式、子模型模式、参数模式和仿真模式。

1）草图模式（Sketch mode）

AMESim 草图模式界面如图 2.16 所示，点击左边的模型库，从不同的模型库中选取现存的图形模块来建立系统。AMESim 中提供了丰富的模型库，在搭建系统图时，首先应仔细考虑各部件的功能，并将系统的实际模型按功能分成各个部分，再用模型库中的实际元件加以表示。

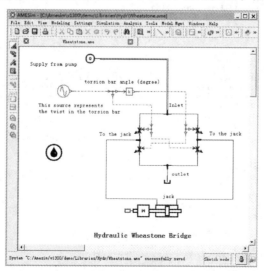

图 2.16　AMESim 草图模式界面

2）子模型模式（Submodels mode）

草图模式完成后，点击图 2.16 工具栏中的第二个图标即进入子模型模式。在此模式中，根据实际需要为每个元件选择一个数学子模型（给定合适的建模假设），如果所搭建的系统不合理，不能按照 AMESim 的要求组成一个正常的循环，就不能进入子模型模式。通常情况下，如没有特殊要求可点击如图 2.17 所示工具栏中的最后一个图标，AMESim 即为系统元件选择默认的最简子模型。

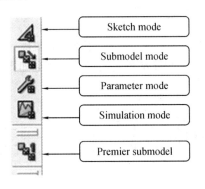

图 2.17　AMESim 界面部分工具

3）参数模式（Parameters mode）

点击图 2.17 所示的第三个图标，进入参数模式，直接点击想要设置参数的元件图标，即出现如图 2.18 所示的参数设置对话框，为每个元件的子模型设定所需要的特定参数。在此模式下，AMESim 可对系统进行编译，编译器产生包含系统参数的可执行文件，即可对系统进行仿真。

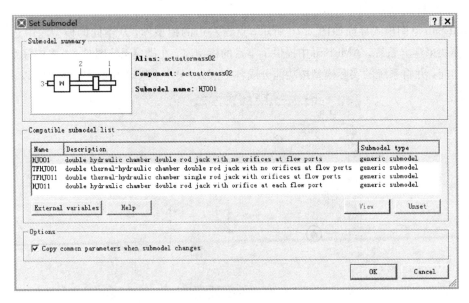

图 2.18　参数设置对话框

4）仿真模式（Simulation mode）

点击图 2.17 所示的第四个图标（Simulation mode），即出现如图 2.19 所示的 5 个控制工具图标。

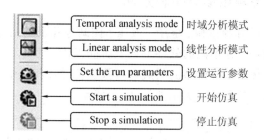

图 2.19　AMESim 仿真模式部分工具栏

　　对于一般的仿真，用户只需在如图 2.20 所示的运行参数对话框中设定仿真开始时间、结束时间、通信间隔、最大时间步长以及误差限即可进行仿真，并分析仿真结果，而不必关心其背后的复杂运算。

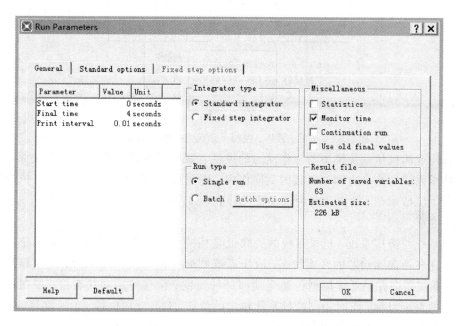

图 2.20　AMESim 运行参数设置对话框

2.4　机电液系统多软件协同仿真

　　机电液一体化系统涉及多个领域，所以对该类系统的仿真称为多学科建模与协同仿真。其本质是将来自机械、控制、电子、液压、气动和软件等多个不同学科领域的模型，有机组合成一个更大的仿真模型，相互协调共同完成仿真运行。多学科建模与仿真方法有多种，如基于软件接口的方法、基于统一语言的方法、基于 HLA/RTI 的方法、基于语义的组件化方法、基于元模型的方法、基于多学科商用仿真平台的方法等。立足于现有的各单领域仿真软件及其相互间的接口技术，将机械动力学模型、液压动力学模型等集成于非常通用的 Simulink 仿真环境中，从而构建机电液一体化系统的集成仿真平台。

2.4.1　机电液系统各领域参数关联分析

机电液系统大体上可分为机械、电子、液压、控制等几个子系统。相应地，各专业软件的选取与各子系统相对应，在不同的软件平台上协同工作，生成不同格式的数据、模型，从而集成为有机关联的整体。系统模型的集成通过数据传送和相关参数的关联来实现，机械、液压、控制子系统之间的参数关联关系如图 2.21 所示。

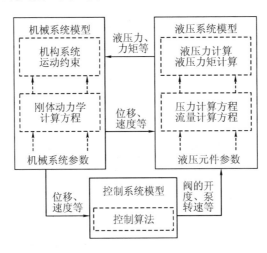

图 2.21　机械、液压、控制子系统之间的参数关联关系

执行作业的机械系统模型与工作动力的提供者液压系统模型有着密切的关系，机械系统承受液压系统的输出力和外负载的共同作用，遵循机械动力学运动定理和机械模型的约束条件产生机械运动，输出为各种运动特性参数，如速度、角速度、加速度、角加速度、位移、角位移等。

控制系统与液压系统、机械系统的关联也是相关状态参数的传递。控制系统主要向液压系统传递各换向阀阀芯的开度状态；液压系统则向控制系统传递压力、流量等液压状态值；机械系统需向控制系统模型传递运动部件的速度、位移等运动状态值。控制系统一般根据期望的系统目标，实时检测机械系统输出的位移、速度、角位移、角速度等参量，通过适当的控制算法计算得到实时的控制信号（如控制阀的开度、泵的转速等），并输出到液压系统中实时调整系统的压力和流量，从而改变输出的液压力或力矩，达到控制机械系统状态的目的。

2.4.2　基于 Simulink 的集成化仿真平台框架

单个领域仿真软件已经相当成熟，对于复杂的机电液一体化系统的多领域仿真软件，由于涉及多个专业领域，要在同一个仿真软件中实现完整准确的仿真有一定的难度，因此可以考虑充分发挥各软件的专业领域优势，通过多种软件的协同实现复杂机电液系统的整体仿真。首先选择主仿真软件环境，基于以下几点考虑将 Matlab/Simulink 软件作为主仿真环境平台：

（1）简洁、方便的编程语言，易于实现复杂控制算法的编程。

（2）完善的各种工具箱，能够实现系统辨识、信号处理、电路仿真等。

（3）主流的机械、液压仿真软件都提供了与 Simulink 的接口，方便实现软件间的协同仿真运行。

（4）多种解算方法可供选择，并且可以方便地设置解法的参数。

对于机械系统，由于 ADAMS 与 ANSYS 联合可进行刚柔耦合系统的仿真分析，而且 ADAMS 可提供与 Matlab 的接口，所以机械系统选用 ADAMS；液压系统选用 AMESim 软件；对于控制算法部分，可以 Matlab 的 S 函数或者 m 文件编写开发。利用这几个软件对机电液一体化系统进行仿真的原理框架如图 2.22 所示。在专业软件中建立各子系统模型的基础上，利用软件提供的接口程序生成链接文件，然后在 Simulink 主仿真环境下通过 S 函数模块调用各部分的链接文件，并根据各子系统之间的参数关联关系将各子模块组合成系统的整体仿真模型，这样即可实现基于 Simulink 的集成化多领域系统联合仿真。

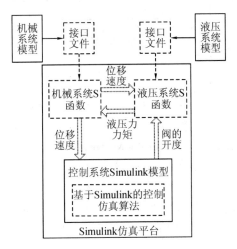

图2.22　基于 Simulink 的机电液一体化集成仿真平台

2.4.3　软件间的组织内部协同仿真方法

1. S 函数在集成化仿真平台中的作用

S 函数是 System function 的简称，其功能是通过 Matlab 或 C 语言程序建立一个能和 Simulink 模块库中的模块一起使用的新模块，从而实现所需功能。利用 S 函数可充分发挥 Simulink 的优势，不断扩充 Simulink 的仿真功能，可以说 S 函数是 Simulink 的精华。

利用 S 函数可定义自己的差分方程、离散系统方程，或者为 Simulink 图块中用到的任意一种算法在 Matlab 中提供一个模板程序。这样用户就不必耗时去编写全部程序，只在必要的子程序中编写程序并输入参数即可。模板程序位于 toolbox/Simulink/blocks 目录下，文件名为 sfuntmpl. m。利用模板编写好程序后，在 Simulink 非线性模块库中将 S 函数功能模块复制出来，然后输入文件名，这样就相当于建立了一个新的 Simulink 功能模块供调用。

基于 Simulink 的集成化仿真平台，利用 S 函数可实现如下几个功能：

（1）将控制算法编制成 S 函数形式，能够提高系统的运行速度。

（2）通过 S 函数模块调用 ADAMS/Control 生成的链接文件，实现 ADAMS 与 Matlab 的协作。

（3）通过 S 函数模块调用 AMESim 生成的链接文件，实现 AMESim 与 MATLAB 的协作。

2. ADAMS 与 Simulink 的协同

ADAMS 提供了 ADAMS/Control 控制接口，实现与 Matlab 的交互。根据系统的状态空间表达形式，在 ADAMS 中设置相应的状态变量。在 ADAMS/Control 接口中定义控制对象的输出状态变量和输入控制量，而后利用接口生成 .m 和 .mdl 文件。在 Matlab 中调用 .m 文件设计仿真环境变量。在 Simulink 中调用 .mdl 文件作为控制对象（Plant），为控制对象搭建各个控制算法的控制器仿真模块，就可以进行交互控制仿真。ADAMS 和 Matlab 协同仿真之间的信息交互如图 2.23 所示。

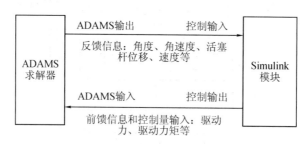

图 2.23　ADAMS 和 Matlab 之间的信息交互

控制协同仿真可选择交互或批处理两种方式。交互方式在仿真过程中显示三维虚拟样机运动动画，仿真时间较长；批处理方式在仿真过程中不显示动画，在仿真结束后，回放显示动画，仿真时间较短。在控制仿真软件与 ADAMS 之间交换数据有两种模式：离散模式和连续模式，这两种模式的工作原理如图 2.24 所示。

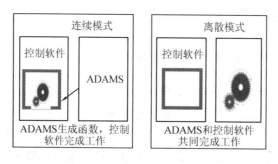

图 2.24　ADAMS 与 Matlab 数据交换的两种模式

离散模式中 Matlab 计算控制系统的积分，ADAMS 则计算机械系统的积分。在这种模式中，积分器处于平行的运行状态，它们按照输出步长所指定的交换数据，控制器使用 ADAMS 的输出，计算出机械模型的输入并把它发回到 ADAMS，同时 ADAMS 在单一的时间段内，根据确定的输入计算出机械系统的积分。

连续模式中控制仿真软件计算所有的积分。Matlab 计算出大系统的雅可比行列式，ADAMS 则扮演函数求值程序的角色。此时，描述机械系统的雅可比行列式通过 ADAMS 计算其值，并把该值发送到控制器。

3. AMESim 与 Simulink 的协同

在 AMESim 环境下建立液压系统仿真模型,利用 Interface 接口界面为 Simulink 的控制模型构造一个图标,设置输入、输出端口的数目,定义图标名称、界面类型(标准界面、联合仿真界面),然后将模型与界面图标相对应的部分连接起来。完成后选择各元件类型,设定各元件参数,运行以上已经建好的系统模型,使控制模块产生相应的链接文件。Simulink 的参数化与扩展需要利用 S 函数,S 函数的调用语法可以与 AMESim 中的求解器进行交互,通过 S 函数模块将 S 函数加入到 Simulink 模型中,再将 Simulink 中的控制算法模型连接到 AMESim 中的 Controller 内,从而使 AMESim 和 Simulink 结合起来。

AMESim 中提供了两种与 Simulink 接口的接口模式:标准模式和联合仿真模式。两种模式的求解原理如图 2.25 所示,区别在于采用标准模式仿真时,AMESim 和 Simulink 中共同采用 Simulink 中选定的求解器,而采用联合仿真模式时,两者采用各自的求解器。采用标准模式仿真时,AMESim 模型在 Simulink 中被看作是时间连续模块,而采用联合仿真模式时,AMESim 模型被当作时间的离散模块处理,这使得其与在 Simulink 中建立的 AMESim 模型的控制器十分匹配。

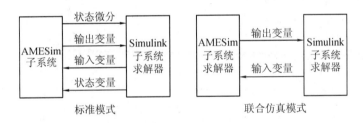

图 2.25　AMESim 与 Simulink 的两种协作模式

参 考 文 献

[1]　吴振顺.液压控制系统[M].北京:高等教育出版社,2008.

[2]　常同立.液压控制系统[M].北京:清华大学出版社,2014.

[3]　王春行.液压控制系统[M].北京:机械工业出版社,2011.

[4]　李鄂民.实用液压技术一本通[M].北京:化学工业出版社,2010.

[5]　高钦和,龙勇,马长林,等.机电液一体化系统建模与仿真技术[M].北京:电子工业出版社,2012.

[6]　高钦和,马长林.液压系统建模仿真技术及应用[M].北京:电子工业出版社,2013.

[7]　曹玉平,阎祥安.液压传动与控制[M].天津:天津大学出版社,2009.

[8]　陈立平.机械系统动力学分析及 ADAMS 应用教程[M].北京:清华大学出版社,2005.

[9]　张秀梅.液压系统建模与仿真[M].北京:清华大学出版社,2019.

[10]　马长林,李锋,郝琳,等.基于 Simulink 的机电液系统集成化仿真平台研究[J].系统仿真学报,2008,20(17):91-94.

[11]　梁全,苏齐莹.液压系统 AMESim 计算机仿真指南[M].北京:机械工业出版

社，2014.

[12] 付永领. AMESim 系统建模和仿真：从入门到精通[M]. 北京：北京航空航天大学出版社，2006.

[13] 周高峰，赵则祥. Matlab/Simulink 机电动态系统仿真及工程应用[M]. 北京：北京航空航天大学出版社，2014.

[14] 李永堂，雷步芳，高雨苗. 液压系统建模与仿真[M]. 北京：冶金工业出版社，2003.

[15] 郭卫东. 虚拟样机技术与 ADAMS 应用实例教程[M]. 北京：北京航空航天大学出版社，2008.

[16] 李剑峰. 机电系统联合仿真与集成优化案例解析[M]. 北京：电子工业出版社，2010.

[17] 郭卫东. ADAMS2013 应用实例精解教程[M]. 北京：机械工业出版社，2015.

[18] MA C L, LI F, HAO L, et al. Modeling and simulation for electro hydraulic systems based on multi-software collaboration [C]//Asia Simulation Conference, 2008：123 - 126.

第 3 章 数字液压缸机理建模及 Simulink 仿真分析

根据数字液压缸的结构特点和内部闭环控制原理，建立其基本数学模型，得到数字液压缸的传递函数模型。综合考虑步进电机旋转、丝杠螺旋反馈、阀芯轴向受力、液压缸活塞所受摩擦力等因素影响，建立数字液压缸非线性模型，基于 Simulink 对数字液压缸的性能进行仿真分析，为数字液压缸的软件建模仿真和优化分析奠定基础。

3.1 数字液压缸数学模型

以图 1.13 所示的单级螺旋反馈式数字液压缸为例，讨论数字液压缸的建模过程和方法，主要包括步进电机与阀芯的旋转建模、三通阀控制差动液压缸建模以及非线性因素建模等。

为了简化分析，建模过程中忽略一些次要因素，做如下假设：

(1) 供油压力恒定不变，回油压力为零。

(2) 管道、阀口、弯管等处的节流损失忽略不计。

(3) 液压油不可压缩，液压油密度、温度恒定不变。

(4) 忽略油缸外泄漏。

3.1.1 步进电机与阀芯的旋转模型

步进电机的输入是脉冲信号，输出是角位移，将输入的脉冲量记为 n，输出的角度记为 θ，假设 $n > 0$ 时代表电机正向旋转，$n < 0$ 时代表电机反向旋转，则步进电机数学模型为

$$
\begin{cases}
\theta_{\mathrm{m}} = \dfrac{n\theta_{\mathrm{d}}}{a} \\
T = T_{\mathrm{m}}\sin(Z_{\mathrm{r}}(\theta_{\mathrm{m}} - \theta)) = J_{\mathrm{r}}\ddot{\theta} + B_{\mathrm{e}}\dot{\theta} + T_{\mathrm{L}}
\end{cases}
\tag{3.1}
$$

式中：θ_{m} ——理论角位移；

θ_{d} ——电机步距角；

θ ——电机输出角度；

a ——驱动细分数；

T_{m} ——最大静转矩；

J_{r} ——电机转子转动惯量；

Z_{r} ——转子齿数；

B_{e} ——转子阻尼系数；

T_{L} ——负载转矩；

T ——总转矩。

把三通阀阀芯与电机轴视为刚性连接，阀芯转动的方程为

$$T_L = J_L\ddot{\theta} + B_m\dot{\theta} + T_f + T_x \tag{3.2}$$

式中：J_L ——阀芯转动惯量；

　　　　B_m ——阀芯阻尼系数；

　　　　T_f ——阻力矩；

　　　　T_x ——轴向合力矩。

三通阀阀芯与步进电机输出转轴相连，因此，将阀芯的转动方程与电机转轴旋转方程合在一起考虑，从而有

$$T = J\ddot{\theta} + B\dot{\theta} + T_e \tag{3.3}$$

式中：J ——总转动惯量，$J = J_L + J_r$；

　　　　B ——总阻尼系数，$B = B_e + B_m$；

　　　　T_e ——总阻力矩，$T_e = T_x + T_f$。

联立式(3.1)～式(3.3)，可得

$$J\ddot{\theta} + B\dot{\theta} + T_e - T_m\sin(Z_r(\theta_m - \theta)) = 0 \tag{3.4}$$

考虑到 $\theta_m - \theta$ 较小，有 $\sin(Z_r(\theta_m - \theta)) \approx Z_r(\theta_m - \theta)$，则

$$J\ddot{\theta} + B\dot{\theta} + T_e - T_mZ_r(\theta_m - \theta) = 0 \tag{3.5}$$

式(3.5)经过拉氏变换，可以得到步进电机传递函数：

$$\theta = \frac{T_mZ_r\theta_m - T_e}{Js^2 + Bs + T_mZ_r} \tag{3.6}$$

3.1.2　三通阀模型

根据该型数字液压缸的工作原理，步进电机通过旋转轴带动阀芯产生轴向位移，同时反馈机构又带动阀芯反向移动完成反馈，因而可以将滑阀开口量看成是两种运动合成的结果：

$$\begin{cases} x_v = x_m - x_f \\ x_m = \dfrac{\theta \cdot P}{2\pi} \end{cases} \tag{3.7}$$

式中：x_v ——阀开口量；

　　　　x_m ——步进电机驱动阀芯的轴向位移；

　　　　x_f ——活塞杆位移；

　　　　P ——反馈螺母螺距。

当 $x_v \geqslant 0$ 时，阀口流量方程为

$$q_L = C_d\omega x_v\sqrt{\frac{2}{\rho}(p_s - p_c)} \tag{3.8}$$

当 $x_v < 0$ 时，阀口流量方程为

$$q_L = C_d\omega|x_v|\sqrt{\frac{2}{\rho}p_c} \tag{3.9}$$

式中：q_L ——三通阀负载流量；

p_s ——供油压力；

p_c ——无杆腔压力；

ω ——节流口面积梯度；

C_d ——三通阀流量系数。

通过式(3.8)和式(3.9)可以看出，该系统为阀控非对称缸，具有伺服系统所固有的非线性，考虑到三通阀通常在零点附近工作，则其流量增益 K_q 和压力增益 K_c 为

$$K_q = \frac{\partial q_L}{\partial x_v} \qquad (3.10)$$

$$K_c = \frac{\partial q_L}{\partial p_L} \qquad (3.11)$$

采用时间的零点计算增益，即

$$K_c = \frac{\pi r_c^2 \omega}{64\mu} \qquad (3.12)$$

式中：r_c ——阀芯与阀套间径向间隙；

μ ——油液动力黏度。

$$K_q = C_d \omega \sqrt{\frac{p_s}{\rho}} \qquad (3.13)$$

三通阀流量模型是非线性方程，将其线性化处理后得到流量方程为

$$\Delta q_L = K_q \Delta x_v - K_c \Delta p_L \qquad (3.14)$$

3.1.3　液压缸模型

该型液压缸为三通阀控制差动液压缸，阀口流量 q_L 只流入或流出液压缸无杆腔，所以只对无杆腔流量进行建模。

液压缸无杆腔的流量方程为

$$q_L = A_h \dot{x}_p + C_{ip} p_L + \frac{V_0}{\beta_e} \dot{p}_L \qquad (3.15)$$

式中：A_h ——液压缸无杆腔活塞面积；

C_{ip} ——液压缸内泄漏系数；

V_c ——液压缸控制腔容积；

V_0 ——液压缸无杆腔初始容积；

β_e ——油液等效体积弹性模量。

液压缸活塞和负载动力平衡方程为

$$A_h p_c - A_r p_s = m\ddot{x}_p + B_p \dot{x}_p + K x_p + F_L \qquad (3.16)$$

式中：A_r ——有杆腔面积；

m ——负载与活塞等效总质量；

B_p ——黏性阻尼系数；

K ——负载的弹簧刚度；

F_L ——外加负载力。

3.1.4　数字液压缸整体模型

将三通阀流量模型中的式(3.14)、液压缸流量模型中的式(3.15)、活塞杆运动模型中的式(3.16)取拉氏变换，得

$$q_L(s) = K_q X_v(s) - K_c P_L(s) \tag{3.17}$$

$$q_L = A_h s X_p(s) + C_{ip} p_L + \frac{V_0}{\beta_e} s P_L(s) \tag{3.18}$$

$$A_h P_L(s) = m s^2 X_p(s) + B_p s X_p(s) + K X_p(s) + F_L \tag{3.19}$$

联立式(3.17)～(3.19)，可以得到数字液压缸活塞总的输出位移公式为

$$X_p = \frac{\dfrac{K_q}{A_h} x_v(s) - \dfrac{K_{ce}}{A_h^2}\left(1 + \dfrac{V_0}{\rho_e K_{ce}} s\right) F_L}{s\left(\dfrac{s^2}{\omega_h^2} + \dfrac{2\zeta_h s}{\omega_h} + 1\right)} \tag{3.20}$$

式中：$K_{ce} = K_c + C_{ip}$ 为总流量-压力系数；

　　　ω_h——液压系统固有频率；

　　　ζ_h——液压阻尼比。

$$\omega_h = \sqrt{\frac{\beta_e A_h^2}{V_0 m}} \tag{3.21}$$

$$\zeta_h = \frac{K_{ce}}{2A_h}\sqrt{\frac{\beta_e m}{V_0}} \tag{3.22}$$

另外，根据式(3.6)得到步进电机输出角度表达式为

$$\theta = \frac{\omega_n^2 \theta_m(s)}{s^2 + 2\zeta\omega_n s + \omega_n^2} \tag{3.23}$$

式中：ω_n——步进电机固有频率；

　　　ζ——步进电机阻尼比。

$$\omega_n = \sqrt{\frac{T_m Z_r}{J}} \tag{3.24}$$

$$\zeta = \frac{B}{\sqrt{2 T_m Z_r J}} \tag{3.25}$$

3.2　基于传递函数的仿真分析

3.2.1　确定仿真参数及建立模型

根据数字液压缸的实际结构尺寸，确定数字液压缸仿真模型中的具体参数，如表3.1所示。

由表中参数可以求得仿真参数：

流量增益 $K_q = C_d \omega \sqrt{\dfrac{p_s}{\rho}} = 1.02 \ \mathrm{m^2/s}$；

压力系数 $K_{ce} = K_c + C_{ip} = \dfrac{\pi r_c^2 \omega}{64\mu} + C_{ip} = 1.7 \times 10^{-12} \ \mathrm{m^5/(N \cdot s)}$；

液压固有频率 $\omega_h = \sqrt{\dfrac{\beta_e A_h^2}{V_0 m}} = 226.47 \ \mathrm{rad/s}$；

液压阻尼比 $\zeta_h = \dfrac{K_{ce}}{2A_h}\sqrt{\dfrac{\beta_e m}{V_0}} = 0.0256$。

表 3.1　数字液压缸模型主要参数

参 数 名	符 号	单 位	数 值
步进电机转子齿数	Z_r	个	50
最大静转矩	T_m	N·m	1.3
总转动惯量	J	kg·m²	5.7×10^{-5}
黏性阻尼系数	B_p	N·m·s/rad	0.06
步距角	θ_d	度	1.5
节流口面积梯度	ω	m	0.0113
反馈螺母螺距	P	mm	3
无杆腔面积	A_h	m²	0.0201
有杆腔面积	A_r	m²	0.0078
无杆腔初始容积	V_0	m³	0.004
负载与活塞等效总质量	m	kg	7247
供油压力	p_s	MPa	18
油液密度	ρ	Kg/m³	850
油液弹性模量	β_e	Pa	6.9×10^8
油液动力黏度	μ	Pa·s	0.056
内泄漏系数	C_{ip}	m⁵/(N·s)	5×10^{-13}
流量系数	C_d		0.62

考虑到实际情况中阀芯是在零位附近工作，但并不是静止在零位，因此阻尼在阀芯离开零位后会迅速增大，本研究中取液压阻尼比 ζ_h 为 0.2，更满足系统实际情况。

根据式（3.7）、式（3.20）、式（3.23）得到仿真框图如图 3.1 所示，在 Simulink 中建立其仿真模型。

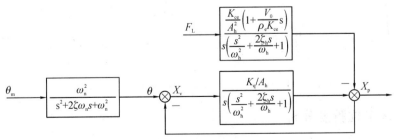

图 3.1　仿真框图

3.2.2 系统稳定性分析

系统稳定性分析是对系统进行其他性能分析的基础。对于一个控制系统,当有外部影响或者内部参数变化时,往往会使原来的平衡位置偏离,当干扰消除时,系统也不能恢复到原来的平衡位置,则判定该系统不稳定。

此处选择采用频率特性分析的方法对数字液压缸系统的稳定性进行分析,通过计算系统的相角裕度和幅值裕度这两个指标进行判断。对于该型数字液压缸系统,稳定的条件设置为幅值裕度取为 8 ~ 15 dB,相角裕度大于 45°。通过 Simulink 可以直接绘制出系统开环传递函数的伯德图,如图 3.2 所示。结果显示,系统幅值裕度为 8.63 dB,相角裕度为 80°,根据奈氏判据以及稳定性的要求取值,系统稳定性较好。

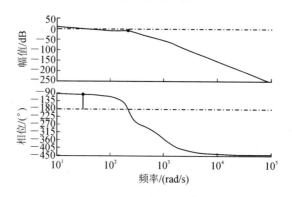

图 3.2　系统伯德图

分别输入位移 1 mm 和位移 2 mm 对应的脉冲量信号,得到系统阶跃响应,如图 3.3 所示。结果表明,在两种输入情况下,系统达到稳态运行的时间约为 0.2 s,1 mm 位移的超调量约为 3%,2 mm 位移的超调量约为 4.5%,表明系统动态性能良好。

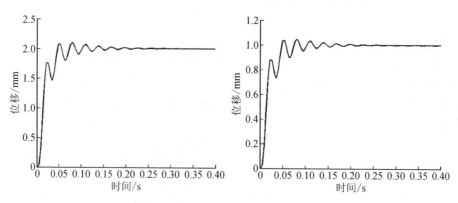

图 3.3　阶跃响应曲线

3.2.3 系统定位精度分析

分别设置仿真运行时间为 0.2 s、0.4 s,对应的期望位移为 1 mm、2 mm,外负载为零,得到位移仿真曲线如图 3.4 和图 3.5 所示,由图可以看出,动作 1 mm 位移的误差为 0.0142 mm,动作 2 mm 位移的误差为 0.0182 mm。

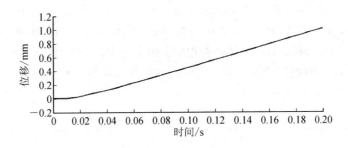

图 3.4　控制数字液压缸动作 1 mm 响应曲线

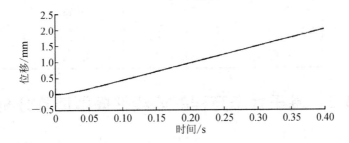

图 3.5　控制数字液压缸动作 2 mm 响应曲线

阀口开度的变化曲线如图 3.6 所示，由图可以看出，数字液压缸工作时，因为反馈机构的作用，阀芯一直处于动态调整状态，阀口开口大小在不停地变化。

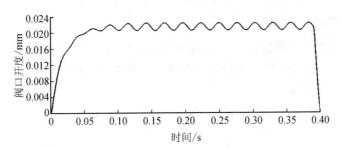

图 3.6　阀口开度变化曲线

另外，系统工作时，油源存在压力波动的情况，这也会对油缸运行造成影响。根据油源系统供油情况，在模型中设置油压 $p_s = 18 + 3\sin(10\pi t)$ MPa 来模拟供油压力的波动，仿真得到的结果如图 3.7 所示。从图中可以看出，压力呈正弦规律波动时运行曲线也是波动的，这说明压力会导致活塞杆抖动，影响了系统运行的稳定性。

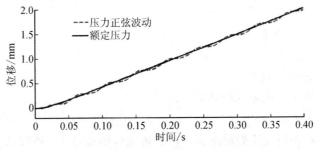

图 3.7　不同油压下油缸位移曲线

在规定工作油压下,仿真步进电机频率在 200 Hz、400 Hz、600 Hz 时油缸运行情况,得到定位误差表,如表 3.2 所示。从表中分析可知,定位误差会随着频率的增大而增大。其中,当频率为 600 Hz,输入 160 个脉冲伸出时,误差最大,其值为 0.0514 mm。步进电机频率通常设为 400 Hz,但根据仿真结果,应该在满足其他运行条件的情况下,将步进电机频率尽量降低,以提高定位精度。

表 3.2 不同油压下位移误差表

频率/Hz	80 个脉冲误差/mm		160 个脉冲误差/mm	
	缩回	伸出	缩回	伸出
200	0.0100	0.0107	0.0132	0.0147
400	0.0117	0.0142	0.0153	0.0182
600	0.0287	0.0317	0.0427	0.0514

3.3 基于状态方程的非线性模型仿真分析

3.3.1 考虑非线性因素的建模分析

在数字液压缸基本数学模型的基础上,进一步考虑步进电机的转矩、滑阀阀芯受力及反馈、活塞摩擦力等因素,综合建立数字液压缸的非线性模型。

1. 步进电机转矩方程模型

该型数字液压缸将两相混合式步进电机作为系统的电/机械转换元件,而步进电机具有高度的非线性,对其进行精确建模难度较大。因此基于 Leenhouts 电路模型,建立基本参数可测的步进电机非线性模型。

式(3.1)中步进电机转矩方程可进一步表示为

$$\begin{cases} T = T_A + T_B + T_d \\ T_A = -i_A \left(k_{t0} - \dfrac{k_{tc}|i_A|}{2} \right)[\sin\theta_c + h_3\sin(3\theta_c)] \\ T_B = i_B \left(k_{t0} - \dfrac{k_{tc}|i_B|}{2} \right)[\cos\theta_c - h_3\cos(3\theta_c)] \\ T_d = D\sin(4\theta_c) \end{cases} \quad (3.26)$$

式中:T_A、T_B——电机 A、B 相电磁转矩;

$\quad i_A$、i_B——A、B 相电流;

$\quad T_d$——电机定位转矩;

$\quad k_{t0}$——转矩系数;

$\quad k_{tc}$——磁路饱和系数;

$\quad h_3$——电磁转矩三次谐波相对幅值;

$\quad \theta_c$——电机电度角,$\theta_c = Z_r\theta$。

该型数字液压缸采用电流矢量恒幅均匀旋转细分驱动技术,可以认为步进电机相电流与预置电流相等,则电流方程为

$$\begin{cases} i_A = I_{\max}\cos\theta_{te} \\ i_B = I_{\max}\sin\theta_{te} \end{cases} \tag{3.27}$$

式中：$I_{\max}$——最大相电流；

θ_{te}——指令电度角，$\theta_{te} = Z_r\theta_m$。

2. 阀芯运动及反馈模型

阀芯运动需要克服惯性力、摩擦力、弹性力和液动力等，所以阀芯轴向运动方程可表示为

$$F_v = m_v\ddot{x}_v + B_v\dot{x}_v + F_{fv} + F_s + F_t \tag{3.28}$$

式中：m_v——阀芯质量；

x_v——阀芯位移；

B_v——阀芯阀套间阻尼系数；

F_{fv}——滑动摩擦力；

F_s——稳态液动力；

F_t——瞬态液动力；

F_v——轴向驱动力。

稳态液动力(又称伯努利力)是指阀口处于一定开口量且通过阀口的流量恒定时，因流进或流出阀口的液流流速的大小及方向发生变化而产生的作用于阀芯上的反作用力，可以理解为液流流入阀腔和通过阀的控制窗口时，由于液流变化导致液流动量的变化而产生的作用在阀芯上的液流力，即液流改变方向，给阀芯的反作用力。稳态液动力的计算公式为

$$F_s = 2C_v C_d W x_v \Delta p \cos\gamma \tag{3.29}$$

式中：C_v——速度系数，取 0.98；

C_d——流量系数，取 0.62；

γ——射流角，取 $69°$；

Δp——阀口压力差；

W——阀面积梯度。

瞬态液动力是阀口开(闭)过程中，流量发生变化时，液流作用于阀芯上的力，即阀杆腔内的液体加(减)速的惯性反力。瞬态液动力的计算公式为

$$F_t = C_d W L \sqrt{2\rho\Delta p}\,\dot{x}_v \tag{3.30}$$

式中：L——阻尼长度；

ρ——油液密度。

滑阀阀芯一端与反馈螺母之间为螺旋传动结构，因此轴向力为

$$F_v = F_N\cos\psi - F_T\sin\psi \tag{3.31}$$

式中：ψ——螺旋升角；

F_N——螺旋正压力；

F_T——螺旋摩擦力。

螺纹间隙是影响反馈机构传递的重要因素，设间隙为 $2x_c$，则螺旋正压力为

$$F_N = \begin{cases} K_N(x_{Nr} - x_c) + B_N\dot{x}_{Nr}, & x_{Nr} > x_c \\ 0, & |x_{Nr}| \leqslant x_c \\ K_N(x_{Nr} - x_c) + B_N\dot{x}_{Nr}, & x_{Nr} < -x_c \end{cases} \tag{3.32}$$

$$x_{Nr} = \frac{\theta_r d_2 \sin \Psi}{2} - x_v \cos \Psi \tag{3.33}$$

式中：K_N——材料接触刚度；

　　　B_N——材料结构阻尼；

　　　x_{Nr}——螺旋面法线方向位移；

　　　θ_r——阀芯相对旋转角；

　　　d_2——螺杆中径。

螺旋面摩擦力为

$$F_T = \mathrm{sgn}\left(\frac{\dot{\theta}_r d_2 \cos \Psi}{2} + \dot{x}_v \sin \Psi\right) |F_N| \tan \rho_v \tag{3.34}$$

式中：ρ_v——摩擦当量角，$\rho_v = \dfrac{f}{\cos \beta}$；

　　　f——螺纹摩擦系数；

　　　β——螺纹牙型侧角。

步进电机通过旋转轴带动阀芯产生轴向位移，同时反馈机构带动阀芯反向移动完成反馈，因而可以将滑阀阀芯位移看成是两种运动合成的结果，则阀芯相对螺旋角为

$$\theta_r = \theta - \frac{2\pi}{P} x_p \tag{3.35}$$

式中：P——反馈螺母螺距；

　　　x_p——活塞杆位移。

3. 考虑摩擦因素的液压缸模型

液压缸活塞和负载动力平衡方程为

$$A_h p_c - A_r p_s = m\ddot{x}_p + B_p \dot{x}_p + K x_p + F_b + F_L + F_f \tag{3.36}$$

式中：A_r——有杆腔面积；

　　　m——负载与活塞等效总质量；

　　　B_p——黏性阻尼系数；

　　　K——负载的弹簧刚度；

　　　F_b——反馈机构驱动力；

　　　F_L——外加负载力；

　　　F_f——摩擦力。

摩擦力的情况比较复杂，尤其是当低速运行时，摩擦力具有负阻力非线性特性，可采用 LuGre 模型建立摩擦力方程：

$$\begin{cases} F_f = \sigma_0 z + \sigma_1 \dot{z} + \sigma_2 \dot{x}_p \\ \dot{z} = \dot{x}_p - \dfrac{|\dot{x}_p| z}{g(\dot{x}_p)} \\ \sigma_0 g(\dot{x}_p) = F_c + (F_{sc} - F_c) \exp\left(-\left(\dfrac{\dot{x}_p}{v_{sk}}\right)^2\right) \end{cases} \tag{3.37}$$

式中：z——bristle 平均变形量；

　　　F_c——库仑摩擦力；

F_{sc}——最大静摩擦力;

σ_0——bristle 刚度系数;

σ_1——bristle 阻尼系数;

σ_2——黏性摩擦系数;

v_{sk}——stribeck 速度。

对液压缸的摩擦特性进行精确仿真并不容易,因为密封工况、油液温度、清洁度等因素的变化,都会对摩擦特性产生影响。因此本研究中对于 LuGre 模型中的参数,是根据数字液压缸采用 Y 型聚氨脂密封圈的实际工况以及重载高性能混合驱动系统中液压缸的实测数据代入模型求解确定的,参数设置如表 3.3 所示。

表 3.3　LuGre 模型参数值

参　数	正向移动	反向移动
F_c/N	400	400
F_{sc}/N	800	800
$v_{sk}/(m \cdot s^{-1})$	0.008	-0.008
$\sigma_0/(kN \cdot m^{-1})$	2.1×10^7	2.1×10^7
$\sigma_1/(kN \cdot s \cdot m^{-1})$	0.1	0.1
$\sigma_2/(kN \cdot s \cdot m^{-1})$	150	280

4. 基于 Simulink 的非线性仿真模型

式(3.1)、式(3.7)~式(3.9)、式(3.15)和式(3.26)~式(3.36)构成了数字液压缸的非线性模型,借助于 Simulink 所提供的基本的线性和非线性模块搭接建立数字液压缸的仿真模型,如图 3.8 所示。

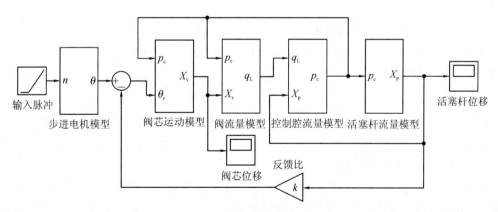

图 3.8　数字液压缸 Simulink 仿真模型

3.3.2　仿真结果分析

设置仿真运行时间为 1 s,得到非线性模型仿真结果与传递函数模型仿真、试验结果对比，如图 3.9 所示。从图中可以看出，非线性模型仿真结果与试验结果更加吻合，可以更真实地反映螺纹间隙、摩擦力等因素对系统的影响。

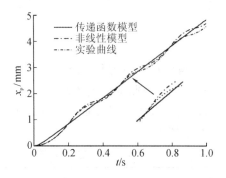

图 3.9　数字液压缸位移曲线图

　　图 3.10、图 3.11 所示为负载流量和阀芯位移的变化曲线。从图中可以看出，数字液压缸工作时，因为反馈机构的作用，系统需要调整阀口大小来消除误差达到稳定状态，但由于各种非线性因素的影响，误差是不断变化的，因此阀芯一直处于动态调整状态，阀口开口大小不停地发生变化，这也是图 3.9 中活塞杆位移曲线波动的原因。

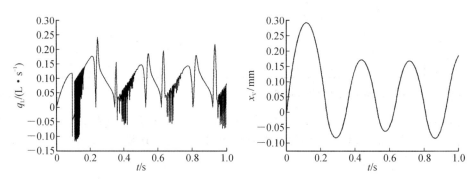

图 3.10　负载流量曲线图　　　　　　　　图 3.11　阀芯位移曲线图

　　从以上结果可以看出，当数字液压缸运行时并不能达到理论上 1 个脉冲对应活塞杆 0.0125 mm 位移的精度要求。通过活塞杆位移曲线可以发现，如果增加一定的输入脉冲数，则可以提高数字液压缸的精度。例如，要使活塞杆位移为 1 mm，理论上应该输入 80 个脉冲，但是实际位移为 0.8245 mm。通过仿真模型发现，如果输入 88 个脉冲，活塞杆位移可以达到 1.0021 mm，同时在试验台上控制步进电机输入 88 个脉冲进行实验验证，实验结果为 1.0057 mm，满足精度要求。

　　因此，可以通过仿真模型得到油缸运行时步进电机脉冲量与活塞杆位移量的关系，进而得出通过改变输入脉冲数提高数字液压缸精度的调整策略，然后结合试验台对仿真得到的策略进行实验验证。将实验数据进行处理后，得到 4 种指令位移下位移-脉冲调整对应表，如表 3.4 所示。从表中可以看出，将输入脉冲量调整一定数量后，位移误差均小于 1 个脉冲对应的理论位移量，符合精度要求。实际设备可以按照表 3.4 的调整方法进行调整。

表 3.4 位移-脉冲调整对应表

指令位移/mm	理论脉冲量	实际位移/mm	调整脉冲量	调整后位移/mm
1	80	0.8245	88	1.0057
2	160	1.8039	172	2.0099
3	240	2.8152	245	2.9967
4	320	3.8051	326	4.0016

另外，系统工作时，油源存在压力波动的情况，这也会对油缸运行造成影响。根据油源系统供油情况，设置 $p_s = 16 + 3\sin(10\pi t)$ MPa 来模拟供油压力的波动，利用模型仿真分析的结果如图 3.12 所示。从图中可以看出，压力波动时对应的曲线与额定压力下的曲线偏差不大，说明压力波动不会对系统造成太大影响。但是在压力波动时，定位误差会增大，由图可知，当输入指令位移为 5 mm 时，16 MPa 对应的实际位移为 4.68 mm，而压力波动下的实际位移为 4.56 mm。

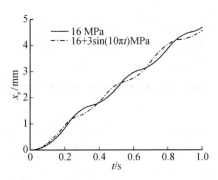

图 3.12 不同油压下油缸位移曲线图

步进电机的频率是可以调整的。在额定油压下，仿真步进电机频率在 100 Hz、200 Hz、400 Hz 时油缸的运行情况，得到定位误差曲线图，如图 3.13 所示。由图可知，频率越大，定位误差就越大。其中，当频率为 400 Hz，指令位移为 2 mm 时，误差最大，其值为 0.1961 mm。虽然按照操作规程步进电机频率通常设为 400 Hz，但根据仿真结果，应该在满足其他运行条件的情况下，将步进电机频率尽量降低，以提高定位精度。

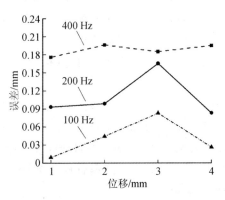

图 3.13 不同指令位移时误差曲线图

参 考 文 献

[1]　高钦和，马长林.液压系统建模仿真技术及应用[M].北京：电子工业出版社，2013.

[2]　吴振顺.液压控制系统[M].北京：高等教育出版社，2008.

[3]　高钦和，龙勇，马长林，等.机电液一体化系统建模与仿真技术[M].北京：电子工业出版社，2012.

[4]　潘炜，彭利坤，邢继峰，等.数字液压缸换向冲击特性研究[J].液压与气动，2012(2)：77-81.

[5]　刘有力，马长林，李锋.数字液压缸非线性建模仿真与试验研究[J].液压与气动，2018(10)：121-127.

[6]　陈佳，邢继峰，彭利坤.基于传递函数的数字液压缸建模与分析[J].中国机械工程，2014，25(1)：65-70.

[7]　鹿士锋.电液步进缸的建模与仿真[D].沈阳：东北大学，2008.

[8]　林云峰，朱银法，王松峰，等.电液步进油缸特性的理论分析及试验研究[J].液压与气动，2015(5)：113-117.

[9]　陈佳，邢继峰，彭利坤.数字液压缸非线性动态特性分析及试验[J].机械科学与技术，2016，35(7)：1035-1042.

[10]　YOU J W, KIM J H. Design of a low-vibration micro-stepping controller for dom-camera [C]//International Conference on Mechatronics and Automation. 2009：296-301.

[11]　肖志权，彭利坤，邢继峰，等.数字伺服步进液压缸的建模分析[J].中国机械工程，2007，18(16)：1935-1938.

[12]　DE WIT C C, OLSSON H, ASTROM K J, et al. A new model for control of systems with friction[J]. IEEE transactions on automatic control，1995，40(3)：419-425.

[13]　LISCHINSKY P, CANUDAS D C, MOREL G. Friction compensation for an industrial hydraulic robot[J]. IEEE control systems february，1999，25(1)：25-32.

[14]　YANADA H, TAKAHASHI K, MATSUI A. Identification of dynamic parameters of modified lugre model and application to hydraulic actuator[J]. International journal of fluid power system，2009，40(4)：57-64.

[15]　张乔斌，宋飞.数字液压缸跟踪误差特性仿真分析[J].机床与液压，2015，43(7)：157-160.

[16]　江海军，宋飞，王传辉，等.阀芯螺杆螺距对数字液压缸性能影响的仿真分析[J].机床与液压，2014，42(11)：150-152.

[17]　彭利坤，宋飞，邢继峰，等.数字液压缸阀芯特性研究[J].机床与液压，2012(20)：62-65.

[18]　宋飞，楼京俊，徐文献，等.某型数字液压缸阀芯遮盖形式仿真研究[J].机床与液压，2015，43(19)：200-202.

[19]　颜晓辉，何琳，徐荣武，等.电液步进缸的跟随特性研究[J].液压与气动，2015(1)：123-127.

［20］　顾长明，王品，张宏宇，等.数控液压缸控制性能的仿真与试验研究［J］.液压气动与
　　　　密封，2016，36(5)：55-58.

［21］　陈永清，徐其彬，徐新和.基于 Simulink 的液压闭环位置控制系统建模与仿真［J］.
　　　　机床与液压，2013(21)：138-142.

第 4 章　数字液压缸 AMESim 建模与仿真分析

数字液压缸是机电液一体化集成的系统，通过建立数学模型解析求解。建模时通常需要分析每个结构的具体情况，从而总结提炼出数学方程，由于需要考虑的因素较多，对一些参数的确定比较困难，模型应用时准确性也难以确定。本章基于 AMESim 仿真软件平台，探讨数字液压缸的建模仿真途径，提出多种建模仿真思路，实际研究中可依据不同的仿真需求，合理选择适合的建模仿真方式。

4.1　主要元件模型

数字液压缸中的控制阀、液压缸、步进电机等元件，在用 AMESim 软件建模时可以直接利用液压库(hydraulic)模块，对于液压库中没有的模块或已有模块不能满足精确建模的要求时，可采用 hydraulic component design 库（HCD 库）、机械库（mechanical）和信号库（signal control）中的模块进行建模。

4.1.1　控制阀模型

利用 AMESim 软件 HCD 库基于液压零部件几何结构的模块化建模方式，可建立考虑运动体动态性能、流体可压缩性、摩擦、泄漏、液动力等因素的详细元件模型，并可模拟液压机械领域几乎所有的液压零部件。HCD 库提供了如表 4.1 所示的多种类型滑阀部件，包括带环型槽的滑阀部件、带圆孔槽的滑阀部件、阀芯刻槽的滑阀部件，以及自定义开槽的滑阀部件，建模时可根据实际阀的结构选用。

表 4.1　HCD 库中的滑阀部件

序号	部件代号	部件名称	部件图标	考虑因素
1	baf1	viscous frictions and leakages		表示计算圆柱阀芯或活塞与圆柱套筒之间的层流液压泄漏以及相应的黏性摩擦力
2	bao1	spool with annular orifice		表示环形截面阀的一维运动，该阀具有圆形边缘和阀芯与其套筒之间的间隙
3	bao5	spool with orifice hole		表示具有一个（或多个）带有圆形边缘（或尖锐边缘）孔口的线轴的一维运动

续表

序号	部件代号	部件名称	部件图标	考虑因素
4	bao6	spool with slot orifices		表示带槽孔的线轴的一维运动模型（假定线轴具有圆形边缘，并且线轴和轴套之间存在间隙）
5	bao9	spool with specific orifice		表示特定阀门的一维运动，允许用户根据需求和可用输入使用不同的选项
6	notchedge_abs01	spool edge with notches		一个通用模型，允许用户在阀芯尖锐边缘上设计不同的槽口几何形状

　　控制阀是数字液压缸的核心，根据实际结构可由 HCD 库中的 BA0012、BA0011 模块和一个机械库中的质量块组成。控制阀模型如图 4.1 所示，右侧的质量块代表阀芯，质量块两端设置行程限制，从而可以控制阀芯的最大位移，阀芯根据实际情况采用圆柱形截面，BA0012、BA0011 模块中可以按照三通阀实际情况修改活塞直径和杆直径。

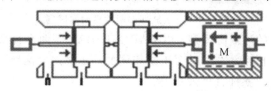

图 4.1　控制阀模型

4.1.2　液压缸模型

　　数字液压缸中的液压缸一般为单出杆活塞缸，AEMSim 软件液压库中有如表 4.2 所示的两种模型可采用，其主要区别在于是否带质量负载，可根据实际情况选用。另外，也可采用 HCD 库来搭建液压缸模型，可选的模型有表 4.3 中所示的 BAP1 和 BAP2 两种，每种均包含 BAP11 和 BAP12 两种子模型，这两种子模型的区别主要是端口 2 和端口 3 定义的变量方向相反，如图 4.2 所示。

表 4.2　Hydraulic 库中的液压缸模型

序号	部件代号	部件名称	部件图标	考虑的因素
1	HJ020	double hydraulic chamber single rod jack supplying a force		活塞两侧容积中的压力动态、粘滞摩擦、通过活塞的泄漏
2	actuatormass01	double hydraulic chamber single rod jack with no orifices at flow ports		活塞两侧容积中的压力动态、库仑摩擦、静摩擦、粘滞摩擦、杆的倾斜度和通过活塞的泄漏

表 4.3　HCD 库中的液压缸部件模型

序号	部件代号	部件名称	部件图标	考虑的因素
1	BAP1	piston		压力作用在活塞或滑阀上,缸体固定
2	BAP2	piston with fixed body		压力作用在活塞或滑阀上,缸体固定

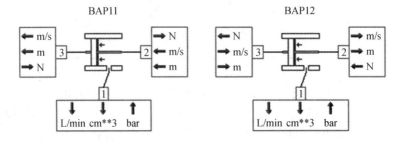

图 4.2　液压缸部件两种模型的区别

图 4.3 所示为建立的液压缸模型,由 BAP12 和 BAP11 两个模块组成液压缸的有杆腔和无杆腔,在默认情况下两腔的作用面积是相同的,如果需要两腔的作用面积不相同,可以通过对其设置不同的活塞杆直径来实现。

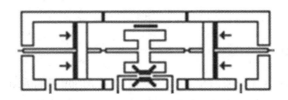

图 4.3　液压缸 HCD 模型

4.1.3　步进电机模型

对数字液压缸中步进电机建模仿真的方式有多种,可根据仿真目的,选择不同的模型或等效模型。

一般来说,建模的重点是机械部分和流体部分的分析,步进电机可采用信号直接驱动阀芯动作,或者选择信号库中的传递函数模块来实现。步进电机简化模型如图 4.4 所示,左边的模块为输入脉冲,可以通过设置斜率来修改脉冲频率,当仿真时间确定时,脉冲量也就确定了。

为了更准确地分析步进电机的动态性能,也可借助于专业的电磁场分析软件 Ansoft 计算电磁力矩,通过 Ansoft 静态计算后,把得到的电磁力和电感相对于工作气隙和安匝数变化的结果按照 AMESim2D 数据表格的要求创建成数据文件,完成步进电机在 AMESim 仿

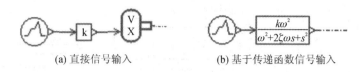

(a) 直接信号输入　　　　　　(b) 基于传递函数信号输入

图 4.4　步进电机简化模型

真的数据准备，数据文件三维曲线如图 4.5 所示，并输出数据文件到 AMESim 模型中，如图 4.6 所示。

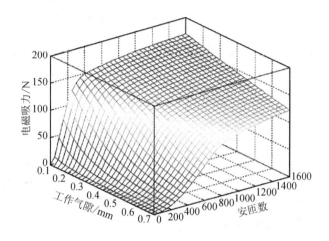

图 4.5　电磁吸力与工作气隙、安匝数的关系

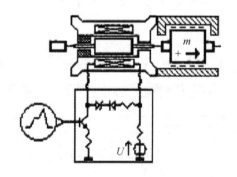

图 4.6　步进电机详细物理模型

另外，也可采用多软件联合仿真的模式，充分发挥各专业软件各自的优势。步进电机模型采用 Matlab/Simulink 中的 SimScape 子模块库来建立仿真模型，并通过 AMESim 与 Simulink 之间的接口实现协同仿真。

图 4.7 所示为步进电机 Simulink 仿真模型，将脉冲发生器所产生的脉冲输入步进电机驱动器，从而驱动步进电机旋转。基于 Simulink 的步进电机仿真模型主要包括电机测量信号转换模块（Measurement Signal）、原始信号测量模块（Original Signal）和信号转换器模块（Signal Converter）等三个子系统模块，其中主要的转角与角速度信号转换仿真详细子模块如图 4.8 所示，步进电机、脉冲信号等参数设置如图 4.9、4.10 所示。

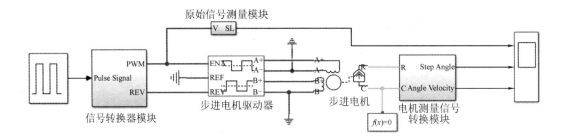

图 4.7　步进电机 Simulink 仿真模型

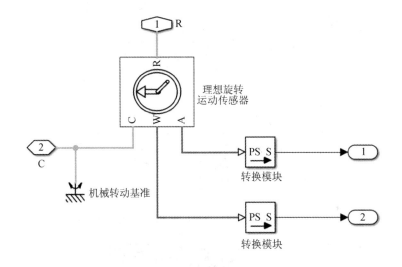

图 4.8　步进电机转角与角速度信号转换仿真模型图

Block Parameters: Stepper Motor Driver

Stepper Motor Driver

This block represents a stepper motor driver and creates the A and B pulse trains required to control the motor. If the Simulation mode is set to Stepping, the driver initiates a step each time the ENA signal rises above the Enable threshold voltage. If the REV port voltage is less than or equal to the Reverse threshold voltage, then pulse A leads pulse B by 90 degrees. If REV increases above the threshold, then pulse B leads pulse A by 90 degrees and the motor direction is reversed. At time zero, pulse A is initialized positive and pulse B negative.

If the Simulation mode is set to Averaged, then the voltage presented at the ENA port specifies the step rate. If the REV port voltage is greater than the Reverse threshold voltage, then the rotation direction is reversed. Use Averaged mode only if the block is connected directly to a Stepper Motor block also running in Averaged mode.

Voltages at ports ENA and REV are defined relative to the REF port.

Settings

Parameters

Simulation mode:	Stepping	
Enable threshold voltage:	2.5	V
Reverse threshold voltage:	2.5	V
Output voltage amplitude:	10	V
Stepping mode:	Full stepping	

OK　Cancel　Help　Apply

图 4.9　步进电机参数设置

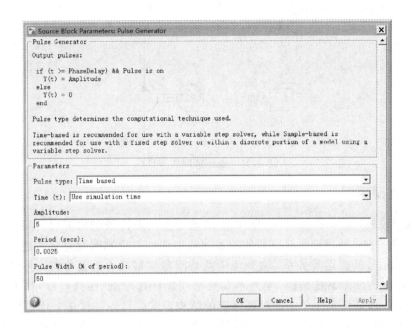

图 4.10　脉冲信号参数设置

4.1.4　液压油源模型

数字液压缸一般只需恒压油源，对于液压油源部分，可以直接利用液压库中的模型进行建模，简单的仿真可用简化模型，详细的仿真可由液压泵、电机、溢流阀等构建详细的仿真模型。液压油源可采用的元件及可设置的主要参数如表 4.4 所示。

表 4.4　液压油源主要元件模型表

序号	元件名称	元件图标	主 要 参 数
1	液压泵		maximum displacement
2	溢流阀		relief valve cracking pressure; relief valve flow rate pressure gradient
3	电机		shaft speed
4	油箱		tank pressure

在 AMESim 中将主要元件及其他部分按照油路、信号的关系连接好，构建的油源仿真模型如图 4.11 所示。

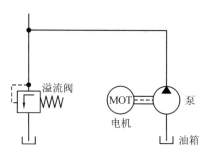

图 4.11　液压油源仿真模型

4.1.5　螺旋副模型

在机液反馈机构中，在控制阀与液压缸之间建立反馈比较的机械机构至关重要。常见的直接反馈建立方式是将液压执行机构的运动输出部件与控制阀套直接相连，建立反馈信号与输入指令信号的差运算关系，直观地说就是阀芯位移减去阀套位移，并将差值信号输入控制阀，建立负反馈系统结构。数字液压缸采用螺杆螺母副（滚珠丝杠）作为控制阀的反馈比较机构，一种是仅采用单个螺杆螺母副的结构形式，另外一种是采用螺杆螺母副＋滚珠丝杠复合的结构形式。不论采用哪种结构形式，最终实现的功能都是在执行机构的运动输出信号与输入信号之间建立负反馈关系，所以螺杆螺母副（滚珠丝杠）也是数字液压缸的关键部件，在建模仿真时需重点考虑。

1. AMESim/Mechanical 库中的螺旋副模型

螺旋机构是一种传动领域的广泛技术，它利用螺母沿螺杆的轴向运动进行旋转运动。AMESim/Mechanical 库中提供了螺杆螺母副、滚珠丝杠的模型，如表 4.5 所示，在详细机理建模时可直接应用，该模型考虑了螺纹直径、螺距、接触刚度、接触阻尼和摩擦力等因素对传动性能的影响。

表 4.5　螺杆螺母副的定义

序号	元件名称	元件图标	输入、输出变量接口
1	SRWNT1		
2	SRWNT1A		
3	SRWNT2		
4	SRWNT2A		

SRWNT1 模型的输入是螺母轴向速度和螺杆旋转速度,输出是螺母上的力和螺杆上的扭矩。螺杆/螺母接触区域的摩擦力通过选择具有 Stribeck 效应的复位积分器模型计算出来。应用时,在螺母端需要质量模型,在螺杆端需要惯性模型。SRWNT1A 模型与 SRWNT1模型的不同之处在于,SRWNT1A 模型的输入是螺母轴向位移和螺杆旋转角度。

SRWNT2 模型的输入是螺母和螺杆的线性和旋转速度,输出是螺母和螺杆上的力和扭矩。借助带 Stribeck 效应的复位积分器模型,可以计算出螺钉/螺母接触区域的摩擦力。使用 SRWNT2 对螺母/螺钉都具有线性和旋转运动的螺杆/螺母机构建模,在端口 1 处连接质量负载以模拟螺杆的线性运动,在端口 2 处连接惯性负载以模拟螺杆的旋转运动。在端口 3 处连接惯性负载以模拟螺母的旋转运动,在端口 4 处连接质量负载以对螺母的线性运动建模。SRWNT2A 模型与 SRWNT2 模型的不同之处在于,SRWNT2 模型端口不传递平移位移和旋转角度。

SRWNT2 模型与 SRWNT1 模型的不同之处在于,SRWNT2 模型的螺母和螺杆都可以平移和旋转。

直径和螺距是螺杆/螺母机构的主要几何参数。同时,为了计算施加到螺纹的法向力,引入接触刚度和阻尼。黏性系数和库仑系数描述了摩擦力,也就是系统内部的能量损失。所采用的复位积分器摩擦模型需要设置 Stribeck 常数、粘滞位移阀值和粘滞过程中的等效粘滞摩擦,所有参数必须为正。

2. 螺杆/螺母副的数学模型及 AMESim 仿真模型

图 4.12 所示为螺旋受力分析示意图,假设在螺纹上 M 点处施加等效的螺杆/螺母接触力 $\boldsymbol{F}_{S/N}$,那么,此力可分解为法向力 $\boldsymbol{F}_n$ 和切向力 $\boldsymbol{F}_t$。

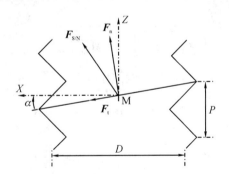

图 4.12　螺旋受力分析示意图

螺纹角度 α 取决于螺距 P 和螺杆直径 D,那么

$$\alpha = \arctan\left(\frac{P}{\pi}D\right) \tag{4.1}$$

垂直于螺纹的力 F_n 取决于螺母和螺杆之间的相对位移和速度,即

$$F_n = d \cdot v_{rel} + k \cdot \int v_{rel}\,\mathrm{d}t \tag{4.2}$$

式中:k——接触刚度;

　　d——接触阻尼;

　　v_{rel}——沿 z 轴的相对线速度,$v_{rel} = R \cdot (\omega_n + \omega_s) \cdot \sin\alpha + (v_n + v_s) \cdot \cos\alpha$。

摩擦力 $\boldsymbol{F}_t$ 的方向与运动方向相反,其值的计算可采用考虑了静摩擦力、动态摩擦力、

Stribeck 效应等因素的模型。

计算螺母上的力和螺杆上的扭矩的公式为

$$F_{nut} = F_n \cdot \cos\alpha - F_t \cdot \sin\alpha \tag{4.3}$$

$$T_{screw} = \frac{D}{2}(F_n \cdot \sin\alpha + F_t \cdot \cos\alpha) \tag{4.4}$$

在 AMESim 中建立其仿真模型，如图 4.13 所示，图中点划线框内所示为螺旋副详细仿真模型图，其中，对螺杆建模考虑其承受扭矩的惯性，对螺母建模考虑其承受负载的质量。图 4.13 中的函数模块分别为

$$f_1(x) = \cos\left(x \cdot \frac{\pi}{180}\right) \tag{4.5}$$

$$f_2(x) = \sin\left(x \cdot \frac{\pi}{180}\right) \tag{4.6}$$

$$f_3(x) = |x| \tag{4.7}$$

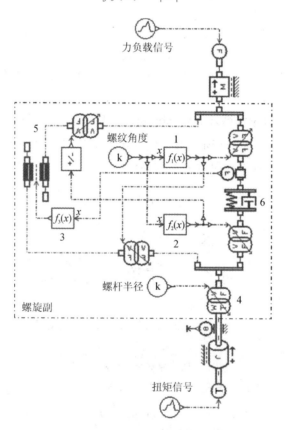

图 4.13　螺旋副 AMESim 详细仿真模型

模块 4 为包含线性位移的旋转/线性调制转换器，接口定义如图 4.14 所示，其输入是端口 1 的角速度和端口 2 的力，端口 3 的输入信号 x 为端口 1 和端口 2 之间的变换比值。其中：

$$v_2 = x \cdot \omega \cdot c_1 \tag{4.8}$$

$$t_q = x \cdot f \tag{4.9}$$

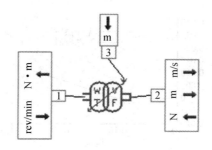

图4.14　旋转/线性调制转换器接口定义示意图

模块 5 为两个物体在外力和摩擦力作用下的一维运动子模型，摩擦力模型为 Dahl 摩擦力和黏性阻尼，其中 Dahl 模型考虑了接触刚度因素。模块接口定义如图 4.15 所示，端口 2 的输入信号提供了一个用来计算摩擦力的值，该值有两种选择：一种是选择信号在 0 和 1 之间，作为分数乘以用户提供的最大值；另一种是将该信号作为牛顿法向力（非负），乘以用户提供的摩擦系数。

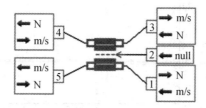

图 4.15　摩擦力模块接口定义示意图

模块 6 为弹簧阻尼器模型，其输入为螺杆和螺母在法向力方向上的速度。

3. 螺旋副的摩擦特性仿真分析

对于图 4.13 所示的模型，设置螺纹角度为 5°，作用的负载力为 100 N 常值，仿真运行时间为 3.0 s。在施加图 4.16 所示的扭矩作用下，有摩擦和无摩擦时的切向速度曲线如图 4.17 所示。

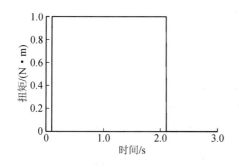

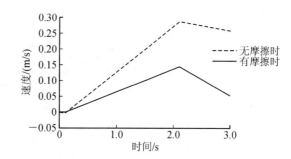

图 4.16　施加的扭矩曲线　　　　　图 4.17　有/无摩擦时的切向速度曲线

将图 4.17 中初始时间的曲线放大，如图 4.18 所示，当不施加扭矩时，由于摩擦力处于平衡状态，在不考虑摩擦因素的情况下，螺杆在负载作用下会松开。

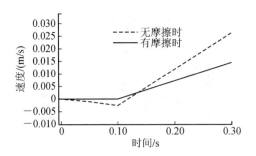

图 4.18　初始曲线放大图

扭矩对螺杆施加一个正的速度，当停止施加扭矩时，速度减小。显然，在有摩擦时，力矩施加的正加速度较低；在力矩为零时，力矩施加的负加速度较高。

摩擦力曲线如图 4.19 所示，当不施加扭矩时，速度为零，由于存在负摩擦力，系统处于平衡状态；在扭矩作用下，摩擦力增加，并且保持不变，直到速度减小到零值。

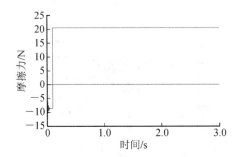

图 4.19　摩擦力曲线

4. 螺旋副的自锁性能仿真分析

螺旋副受力分析如图 4.20 所示，假设螺母上的轴向载荷为 F_n，而螺杆上的扭矩产生的力为 F_s。

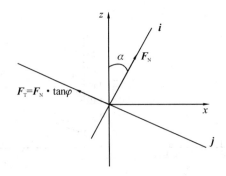

图 4.20　螺旋副受力分析图

在平衡点，F_n 被摩擦力平衡，因此：

$$F_n = F_N \cdot \cos\alpha + F_T \cdot \sin\alpha \tag{4.10}$$

同样，F_s 由摩擦力平衡，因此：

$$F_s = F_N \cdot \sin\alpha - F_T \cdot \cos\alpha \tag{4.11}$$

假设摩擦角为 φ，其反映了接触表面的摩擦系数，与载荷无关，那么：

$$\boldsymbol{F}_T = \boldsymbol{F}_N \cdot \tan\varphi \tag{4.12}$$

由式(4.14)、式(4.15)消除 $\boldsymbol{F}_N$ 和 $\boldsymbol{F}_T$ 得

$$\boldsymbol{F}_s = \boldsymbol{F}_n \cdot \frac{\tan\alpha - \tan\varphi}{1 + \tan\alpha \cdot \tan\varphi} = \boldsymbol{F}_n \cdot \tan(\alpha - \varphi) \tag{4.13}$$

那么力矩为

$$T = R \cdot \boldsymbol{F}_s = R \cdot \boldsymbol{F}_n \cdot \tan(\alpha - \varphi) \tag{4.14}$$

由于扭矩必须为负，因此自锁条件为 $\alpha < \varphi$。

基于图 4.13 所示的仿真模型，可以对螺旋副的自锁性能进行验证。对螺杆不施加扭矩，在螺母上施加 1 Hz 幅值为 100 N 的正弦负载力，对螺旋角分别取 5°、11.31°和 15°进行批处理仿真运行，得到的螺母轴线位移曲线如图 4.21 所示。

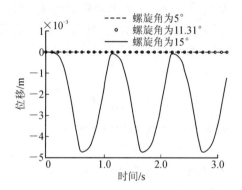

图 4.21 螺旋副自锁性能仿真曲线

在图 4.21 中，对于 $\alpha = 5°$，螺母没有位移；对于 $\alpha = 11.31°$，螺母的位移可以忽略不计；对于 $\alpha = 15°$，螺母不再自锁。

综上可知，利用该模型可以快速地分析螺旋机构中涉及的摩擦、自锁等主要现象。

4.2 数字液压缸 AMESim 建模仿真思路

数字液压缸工作时，步进电机驱动液压阀阀芯移动，液压阀输出液压油，驱动液压缸的活塞和负载移动，这是液压反馈控制的前向通道。其中，负载、执行液压缸和控制滑阀等构成控制结构单元，称为阀控缸液压动力单元；控制阀芯每产生一个微小阀开口，将立刻引起液压缸产生向阀口关闭方向的运动，因此该控制阀主要工作在中位附近，或者说其工作阀口比较小。

实际结构中，阀口开度是阀芯和机械反馈机构在空间做复合运动的结果。当阀芯移动时，阀口打开，压力油液驱动活塞运动，活塞运动的同时推动阀芯动作，可以看作是活塞反向跟随阀芯动作，减弱或抵消了阀芯移动效应，从而构成负反馈，单级螺旋数字液压缸机械反馈原理如图 4.22 所示，其中负反馈的作用是通过活塞与阀芯一体(或通过连接套连接)的螺杆配合建立的。

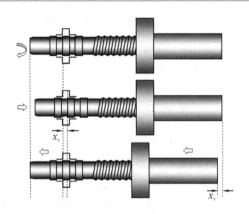

图 4.22　单级螺旋数字液压缸机械反馈原理示意图

步进电机带动阀芯做旋转运动，阀芯的转动经螺旋副转变成滑阀的输入位移 x_m，一旦阀口打开，油缸活塞位移 x_p 经大导程丝杆和丝杆螺母反馈变成滑阀阀芯反馈位移 x_f。最终，阀芯的输入位移 x_m 和反馈位移 x_f 合成绝对位移（阀口开度）x_v，因此有

$$x_v = x_m - x_f \tag{4.15}$$

$$x_m = \frac{\theta}{2\pi} \cdot P \tag{4.16}$$

$$x_f = x_p \cdot \sigma \tag{4.17}$$

式中：P——螺母螺距；

　　　σ——反馈系数，对于单级螺旋反馈式结构，$\sigma = 1$，对于双级螺旋反馈式结构，$\sigma = p/S$（S 为丝杆导程）。

实际中，在数字液压缸工作时，其阀口开启量是阀芯主动位移与活塞/螺杆反馈位移的差值。利用专业软件进行建模仿真时，如果软件方便构建基于实际的物理模型，可建立详细的仿真模型，如果采用简化模型，也可对阀口开启量进行等效处理。等效处理思路有两种。

一是采用信号反馈的方式，将活塞位移的实时信号与步进电机驱动阀芯的位移信号进行比较，用其差值控制阀芯动作，即阀开口量，其原理框图如图 4.23 所示，此方式可称为基于位移信号等效反馈的数字液压缸建模仿真方法。

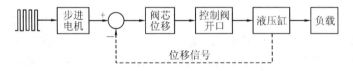

图 4.23　基于位移信号等效反馈的数字液压缸建模原理框图

二是将活塞位移直接作用于阀套，阀套与阀芯之间形成位置随动关系，使阀开口量和阀芯与阀套之间的位移差值相等，从而与原结构构成量值上的等效，图 4.24 所示的原理框图可用来对数字液压缸进行机理仿真，此方式称为基于阀套随动等效反馈的数字液压缸建模仿真方法。

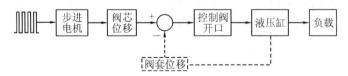

图 4.24　基于阀套随动等效反馈的数字液压缸建模原理框图

4.3　基于信号等效反馈的数字液压缸建模仿真

4.3.1　建模过程

选择数字液压缸各个部件的模型，将其按机理组合起来。其中，反馈机构部分采用位移信号反馈的方式，应用信号库中的子模型进行负反馈等效建模，得到基于位移信号等效反馈的数字液压缸系统的 AMESim 模型，如图 4.25 所示。图中的实线表示连接的液压管路；粗实线表示考虑了液压管长度、管径和管路复杂流态等特性；虚线表示信号间的连接关系。

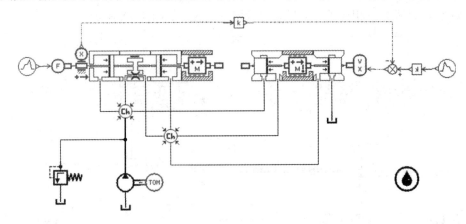

图 4.25　基于位移信号等效反馈的数字液压缸仿真模型

步进电机驱动阀芯做旋转运动，在螺杆、螺母副的作用下，阀芯发生直线位移，用于反馈的信号可选择位移信号或速度信号，图 4.25 中采用的是位移信号反馈，输入信号源如图4.26 所示，活塞输出端利用位移传感器采集其位移信号。

图 4.26 中利用的信号转换模块及其接口定义如表 4.6 所示。XVLC01 将在端口 1 处输入的无量纲信号转换为以 m 为单位的相同值的线性位移，该线性位移在端口 2 处以单位为m／s 的线性速度输出，其速度是通过提供的时间常数的一阶滞后方法对角度进行近似微分而获得的，初始速度可以由用户设置，也可以默认设置为零。VELC02 模型接收在端口 1处输入的无量纲信号，并将其转换为在端口 2 处以 m/s 为单位输出的速度和以 m 为单位的位移，位移是通过速度积分得到的状态变量。

表 4.6　信号转换模块及其接口定义

序号	元件名称	元件图标	输入、输出变量接口
1	XVLC01		null → 1 — V/X — 2 → m/s →, m →
2	VELC02		null → 1 — V/X — 2 → m/s →, m →

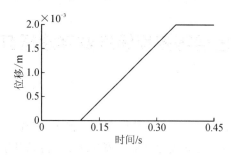

图 4.26　输入阀芯位移信号曲线

　　若采用速度反馈信号，则活塞输出端更换为速度传感器，控制阀的驱动输入改为速度
信号，如图 4.27 所示。相应地，信号源可设定为匀速，如图 4.28 所示。

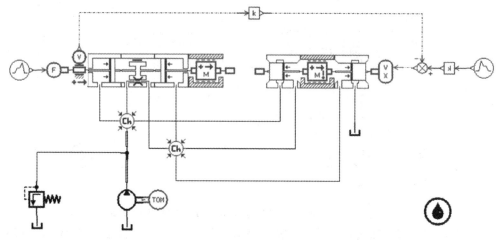

图 4.27　基于速度信号等效反馈的数字液压缸仿真模型

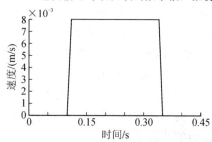

图 4.28　输入阀芯速度信号曲线

4.3.2　仿真分析

　　在 AMESim 中草图模式(Sketch mode)下选择元件、模型，搭建完成后进入子模型模
式，选择完子模型后进入参数设置模式(Parameter mode)，设置子模型的参数，液压缸、控
制阀等结构类参数依据研究对象实际参数设定，初始平衡参数可通过静态计算确定，其他
参数可依据元件技术手册或经验数据确定，表 4.7 所示为该系统确定的仿真参数值。

表 4.7　数字液压缸仿真相关参数　　　　　　mm

名称	参数名称	数值
液压缸	油缸内径	160
	活塞杆外径	100
	油缸行程	220
螺杆	外径	20
	螺距	3
三通阀	阀芯直径	18
	凹槽直径	16
	凸肩宽度	5

对图 4.27 所示的仿真模型输入图 4.26 所示的阀芯位移信号，进入仿真模式，设置仿真时间为 0.45 s，采样间隔为 0.01 s，运行仿真。部分仿真结果参数曲线如图 4.29 所示，液压缸位移最终显示 2.0135 mm，与理论期望值相差 0.0135 mm。

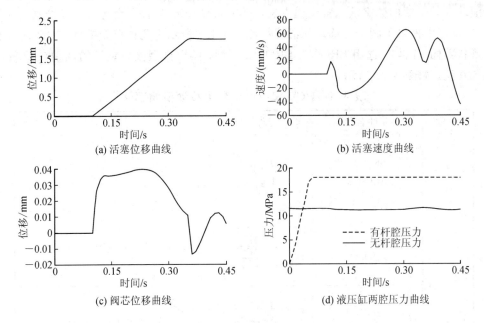

(a) 活塞位移曲线　　　　(b) 活塞速度曲线

(c) 阀芯位移曲线　　　　(d) 液压缸两腔压力曲线

图 4.29　基于位移信号等效反馈的数字液压缸仿真曲线

对图 4.28 所示的仿真模型输入如图 4.29 所示的阀芯速度信号，进入仿真模式，设置仿真时间为 0.35 s，采样间隔为 0.01 s，运行仿真。部分仿真结果参数曲线如图 4.30 所示，由于驱动仿真输入信号图 4.28 与图 4.26 是等效的，所以此仿真结果与图 4.29 所示的结果是一致的。

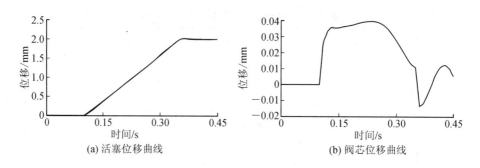

(a) 活塞位移曲线　　　　　　　(b) 阀芯位移曲线

图 4.30　基于速度信号等效反馈的数字液压缸仿真曲线

4.4　基于阀套随动等效反馈的数字液压缸建模仿真

4.4.1　建模过程

数字液压缸工作时阀实时开口量值为阀芯位移量值与活塞反向动作位移量值之差，在建模时可采用阀开口量值等效的思路，将活塞反向作用传递于阀芯的位移量值等效为活塞作用与阀芯同向的位移量值，该方法实际上与常见的机液伺服机构的构成类似，称为基于阀套随动等效反馈的数字液压缸建模方法，可在 AMESim 软件平台进行建模仿真。

HCD 库中提供了阀套可移动的滑阀部件，表 4.8 所示为几种典型模型，主要区别在于阀口形状不同。比如，选用 BRO011/BRO012 模型，两个模型接口定义的区别在于端口 3、端口 6 互反，如图 4.31 所示。

表 4.8　HCD 库中的阀套可移动滑阀部件

序号	元件名称	元件图标	阀口形状
1	BRO011 BRO012		环形阀口
2	BRO041 BRO042		孔状阀口
3	BRO0001 BRO0002		简单矩形槽阀口
4	BRO0021 BRO0022		自定义特殊阀口

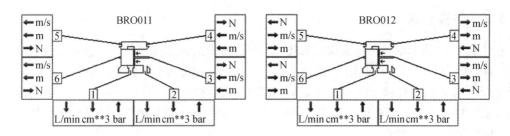

图 4.31　阀套可动滑阀部件 BRO011、BRO012 接口参量定义图

　　应用阀套可动滑阀部件建立滑阀模型时，要注意部件之间的接口连接方式，一般来说需增加 MAS011RT 模块模拟阀芯与阀套之间的作用力，阀套随动滑阀的 HCD 模型如图4.32 所示。

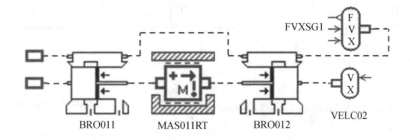

图 4.32　阀套随动滑阀的 HCD 模型构建示意图

　　液压油源及液压缸的模型与图 4.27 相同，添加活塞输出与阀套之间的连接，即可建立基于阀套随动等效反馈的数字液压缸系统完整模型，如图 4.33 所示。为了在 V、X 端口增加比例因子 k，图中增加了两个转换子模块，当 k 值取 1 时，该模型等效于单级螺旋反馈的数字液压缸，当 k 值取 t_a/t_b (t_a 为阀芯螺杆螺距，t_b 为滚珠丝杠的螺距) 时，该模型等效于双级螺旋反馈的数字液压缸。

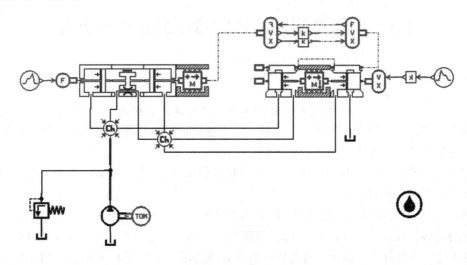

图 4.33　基于阀套随动等效反馈的数字液压缸仿真建模

4.4.2　仿真分析

对图 4.33 所示的仿真模型输入如图 4.34(a)所示的阀芯速度信号，进入仿真模式，设置仿真时间为 0.45 s，采样间隔为 0.01 s，运行仿真。部分仿真结果参数曲线如图 4.34(b)～(d)所示，输入阀芯位移最终值为 2 mm，活塞位移最终值为 1.998 mm。由于该仿真模型通过活塞直接反馈，因此图 4.34(c)所示的二者差值即为阀开口量值，可以看出阀口基本维持在一定范围的稳定开度。

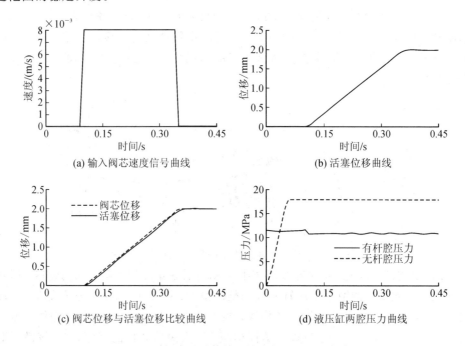

图 4.34　基于阀套随动等效反馈的数字液压缸仿真曲线

4.5　应用螺旋副的数字液压缸建模与仿真

4.5.1　建模过程

4.3 节、4.4 节所述的两种建模方式均采用等效反馈的思路建立，实际数字液压缸采用螺杆螺母副或螺杆螺母副＋滚珠丝杠反馈，那么直接采用螺杆螺母副等的反馈结构实现的建模仿真更接近于真实数字液压缸的模型。

AMESim 软件的 Mechanical 库中提供了螺杆螺母副、滚珠丝杠副，在数字液压缸建模应用时可根据实际需要选择。

图 4.35 所示为采用螺杆螺母副 SRWNT2 作为步进电机转角信号与控制阀芯直线位移信号之间的转换模块，采用滚珠丝杠副 SRWNT1A 作为活塞与阀芯之间反向位移的转换模块，并通过旋转载荷模型建立二者之间的联系，即将滚珠丝杠输出的角位移信号传递到螺杆螺母副。

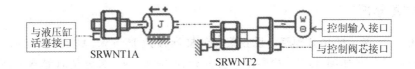

图 4.35　螺旋副反馈机构建模(1)

图 4.36 所示为采用两个滚珠丝杠副 SRWNT1A，利用信号传感、转接子模型建立两个螺旋模型之间的联系，通过角度信号比较的等效方式实现螺旋机构负反馈模拟。

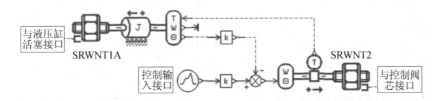

图 4.36　螺旋副反馈机构建模(2)

液压油源及液压缸的模型与图 4.27 相同，选择一种螺旋副反馈机构模型，活塞输出端、阀芯输入端分别与反馈机构连接，即可建立数字液压缸系统完整模型，如图 4.37、4.38 所示。

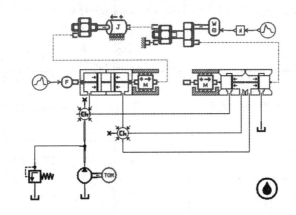

图 4.37　基于螺旋副模型的数字液压缸系统仿真模型(1)

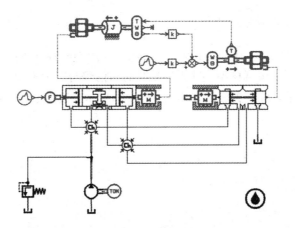

图 4.38　基于螺旋副模型的数字液压缸系统仿真模型(2)

4.5.2　仿真分析

对于图 4.37 所示的仿真模型，设置滚珠丝杠导程为 16 mm、螺旋副螺距为 3 mm，输入为旋转角位移信号如图 4.39(a)所示，仿真时间为 0.6 s，部分仿真结果参数曲线如图 4.39(b)~(f)所示。根据仿真输入信号，可知螺旋副旋转一周 360°，对应的活塞理论位移为滚珠丝杠一个导程 16 mm，实际位移如图 4.39(b)所示，最终值为 16.0018 mm，位移滞后时间约为 0.02 s。

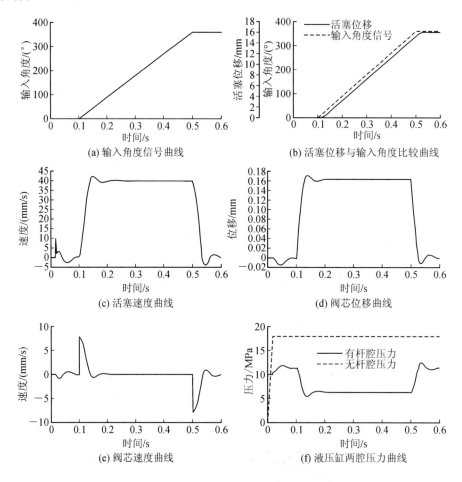

图 4.39　基于螺旋副模型的数字液压缸系统仿真曲线(1)

对于图 4.38 所示的仿真模型，设置参数及输入信号与图示模型一致，部分仿真结果参数曲线如图 4.40 所示，活塞实际位移如图 4.40(b)所示，最终值为 16.001 mm，阀开口量值约为 0.16 mm。

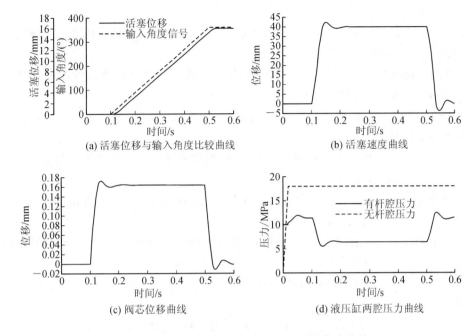

(a) 活塞位移与输入角度比较曲线　　　　　　(b) 活塞速度曲线

(c) 阀芯位移曲线　　　　　　　　　(d) 液压缸两腔压力曲线

图 4.40　基于螺旋副模型的数字液压缸系统仿真曲线(2)

参 考 文 献

[1]　高钦和,马长林.液压系统建模仿真技术及应用[M].北京:电子工业出版社,2013.

[2]　高钦和,龙勇,马长林,等.机电液一体化系统建模与仿真技术[M].北京:电子工业出版社,2012.

[3]　郭旭升.基于 AMESim 的数字液压缸建模与动态特性仿真[D].天津:天津大学,2012.

[4]　刘有力,马长林,李锋.数字液压缸一体化建模与仿真研究[J].火箭军工程大学学报,2019(1):36-40.

[5]　鹿士锋.电液步进缸的建模与仿真[D].沈阳:东北大学,2008.

[6]　肖志权,彭利坤,邢继峰,等.数字伺服步进液压缸的建模分析[J].中国机械工程,2007,18(16):1935-1938.

[7]　张乔斌,宋飞.数字液压缸跟踪误差特性仿真分析[J].机床与液压,2015,43(7):157-160.

[8]　江海军,宋飞,王传辉,等.阀芯螺杆螺距对数字液压缸性能影响的仿真分析[J].机床与液压,2014,42(11):150-152.

[9]　彭利坤,宋飞,邢继峰,等.数字液压缸阀芯特性研究[J].机床与液压,2012(20):62-65.

[10]　宋飞,楼京俊,徐文献,等.某型数字液压缸阀芯遮盖形式仿真研究[J].机床与液压,2015,43(19):200-202.

[11]　颜晓辉,何琳,徐荣武,等.电液步进缸的跟随特性研究[J].液压与气动,2015(1):

123 - 127.

[12] 顾长明,王品,张宏宇,等.数控液压缸控制性能的仿真与试验研究[J].液压气动与密封,2016,36(5):55 - 58.

[13] 张宪宇,陈小虎,何庆飞,等.基于 AMESim 液压元件设计库的液压系统建模与仿真研究[J].机床与液压,2012,40(13):172 - 174.

[14] 张豪阳,李二欠,吕德瑾,等.基于 Matlab 与 AMESim 的液压系统仿真特点[J].煤矿机械,2016(7):163 - 165.

[15] 徐莉萍,项楠,南晓青,等.基于 AMESim 的闭式液压系统热力学建模与仿真[J].机床与液压,2016,44(9):147 - 150.

[16] 包彬彬,霍柏琦,王忠民,等.基于 AMESim 的液压系统工作特性仿真研究[J].现代制造工程,2017(2):133 - 137.

[17] 王慧,姜守岭,齐潘国,等.数字液压缸刚度特性分析及 AMESim 模拟[J].控制工程,2018(10):1849 - 1853.

[18] 梁全,苏齐莹.液压系统 AMESim 计算机仿真指南[M].北京:机械工业出版社,2014.

[19] 付永领.AMESim 系统建模和仿真:从入门到精通[M].北京:北京航空航天大学出版社,2006.

第 5 章　数字液压缸机液耦合建模及仿真分析

本章首先根据数字液压缸的结构特点和内部闭环控制原理,利用三维建模软件和多体动力学分析软件 ADAMS 建立其机械模型,利用 AMESim 软件建立其液压模型,并分别验证了两种模型的正确性;然后通过软件接口将液压模型集成到 ADAMS 环境中,完成数据交换,从而实现了两个软件的联合仿真。建立的两种结构数字液压缸联合仿真模型为数字液压缸虚拟样机分析提供了一种途径,方便分析、研究数字液压缸的性能。

5.1　机液耦合系统参数关联关系

执行作业的机械系统与工作动力的提供者——液压系统有着密切的关系,机械系统承受液压系统的输出力和外负载的共同作用,遵循机械动力学运动定理和机构模型的约束条件,产生机构运动,输出为各种运动特性参数,如速度、角速度、加速度、角加速度、位移、角位移等。

其中,液压缸输出力是液压缸作用面积和压力的函数:

$$F_1 = A_1 p_1 - A_2 p_2 - F_1 \tag{5.1}$$

式中:F_1 ——液压缸的输出液压力;

A_1 ——液压缸无杆腔活塞面积;

A_2 ——液压缸有杆腔活塞面积;

p_1 ——液压缸无杆腔液压力;

p_2 ——液压缸有杆腔液压力。

马达输出扭矩是排量和压力差的函数:

$$T_m = D_m \cdot \frac{\Delta p}{2\pi} \tag{5.2}$$

式中:T_m ——马达输出扭矩;

D_m ——马达排量;

Δp ——马达输入、输出口间的压力差。

机构产生的运动分为直线运动和旋转运动。

对于直线运动:

$$y = \int \dot{y} dt + y_0, \qquad \dot{y} = \frac{1}{m} \int \sum F dt + \dot{y}_0 \tag{5.3}$$

对于机构旋转运动:

$$\phi = \int \omega dt + \phi_0, \qquad w = \frac{1}{I_r} \int \sum M dt + \omega_0 \tag{5.4}$$

式中:F ——液压力与负载力之和;

m ——质量；

M ——力矩；

I_r ——转动惯量。

反过来，机械系统参数也直接影响着负载和液压系统的作用情况，机械系统模型对负载的影响主要是因工作姿态变化引起负载变化，机械系统输出的位移、速度、角位移、角速度等运动参数对液压系统模型的直接影响主要集中在马达流量和液压缸压力区体积上。

马达流量方程为

$$Q_m = D_m \cdot \omega_m \tag{5.5}$$

马达连接的压力区压力方程为

$$\frac{\mathrm{d}p}{\mathrm{d}t} = \frac{E_0}{V_1}\left[-Q_m D_m \omega_m - K_m(p_1 - p_2)\right] \tag{5.6}$$

式中：K_m ——马达泄漏系数；

V_1 ——压力区容腔体积。

因此液压系统模型中马达的流量和压力最终都可以描述为机械系统模型中转速的函数。

图 5.1 所示为液压缸输入、输出参数示意图，活塞运动抽走或挤入的流量、压力方程如下。

油腔 1：

$$\begin{cases} Q_{l1} = A_1 \cdot \dot{y} \\ \dot{p}_1 = \dfrac{E_0}{V_1}(Q_1 - Q_{l1}) \\ V_1 = A_1 \cdot f(y) + V_{p_1} \end{cases} \tag{5.7}$$

油腔 2：

$$\begin{cases} Q_{l2} = A_2 \cdot \dot{y} \\ \dot{p}_2 = \dfrac{E_0}{V_2}(Q_{l2} - Q_2) \\ V_2 = A_2 \cdot g(y) + V_{p_2} \end{cases} \tag{5.8}$$

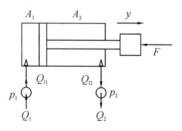

图 5.1　液压缸输入、输出参数示意图

液压缸连接的两个压力区体积是活塞位移的函数，流量是活塞速度的函数。因此，机械系统模型中的位移、速度状态值直接影响液压系统模型中压力区的压力状态。

5.2　数字液压缸协同建模方案

5.2.1　建模方法

通过建立数学模型解析求解时，需要分析每个结构的具体情况，从而总结提炼出数学方程进行建模。其中需要考虑的因素有很多，如需要对一些非线性因素进行简化处理，或需要修改内部结构参数等，因此，这些情况下建立的模型不具备通用性。可以说，通过建立数学模型仿真分析数字液压缸既复杂烦琐，又因为模型简化较多而不完全可信。针对以上数学模型的缺点，本章选择在专用仿真软件平台上建立模型并进行仿真分析，这样可以简化对内部结构的分析提炼，通过设置元件参数、添加约束等途径使建立的模型更加符合实际。

通过原理分析可知，数字液压缸是一个闭环伺服液压执行元件，利用丝杠对活塞位置做精密的机械反馈。从外部看，只要输入步进电机频率和运行时间(脉冲数量)，活塞杆就会做相应的运动，控制方式简单。但在其内部，运动关系较为复杂，这主要体现在阀芯上，在电机带动阀芯运动时，反馈螺母将活塞杆位移通过丝杠传至阀芯做反馈运动，因此阀芯受到步进电机和螺旋反馈的共同控制，共同控制下的阀芯开口大小又决定了活塞杆的运动速度和位移。另外，其运动受力情况也较为复杂，包括电机的轴向驱动力、螺旋反馈的轴向驱动力、稳态和瞬态液动力以及摩擦力。可以说，控制滑阀是数字液压缸的核心，也是建模时需要重点考虑的部分。

基于以上分析可以得出，整个模型解算包括机械部分的解算和液压流体部分的解算，属于多学科领域的建模问题，如果只利用单一软件进行液压系统建模，就会忽略机械部分的解算。联合仿真的方法能够集成不同学科领域的软件，发挥不同领域软件的优势，是分析多学科领域复杂系统的有效方法。现有的数字液压缸软件建模研究成果都是基于单一软件进行的建模仿真，少见对数字液压缸进行多软件机液耦合建模的研究。

本章选择采用在 ADAMS 与 AMESim 软件中分别建立模型，而后进行联合仿真，分析数字液压缸的动态性能及定位精度。其中，建立的模型包括 AMESim 中建立的液压模型、ADAMS 中建立的动力学模型以及数据交换接口，方案如图 5.2 所示。

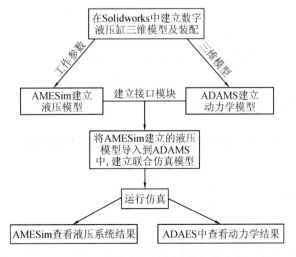

图 5.2　数字液压缸协同建模仿真方案

5.2.2　数据交换方法及接口定义

数据交换一般有两种方法：一种为离散式，即两个软件分别解算各自的模型，在通信间隔内进行数据交换，因而这种方式存在一定的延迟；另一种为连续式，即将在一个软件中建立的模型完整地导入到另一个软件中，将两个模型的方程集成在一起，而后在一个软件中仿真求解，这种方式能够实现数据的实时传递。在使用过程中，连续式的结果更加精确，但是当系统过于复杂时，连续式解算对于计算机配置的要求也会变高，结合本研究数字液压缸联合仿真的实际，可以通过减小通信步长提高仿真的精度，因此选择离散式的数据交换方法。

根据协同建模仿真思路，结合数字液压缸工作原理，设置定义的协同仿真接口参数如图 5.3 所示，在 AMESim 中设置液压作用力信号作为输出接口参量，定义控制阀口开度信号，设置液压缸活塞位移信号作为输入接口参量；相应地，在 ADAMS 中定义控制阀芯旋转驱动信号、液压缸活塞作用力信号作为输入接口参量，定义控制阀口开度信号、液压活塞位移信号作为输出接口参量。

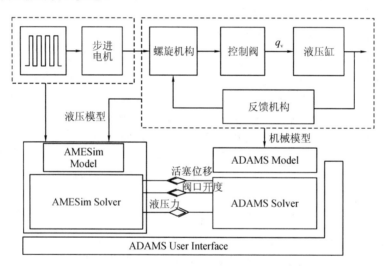

图 5.3　协同仿真接口参数示意图

数字液压缸软件协同仿真驱动流程为：步进电机输出角位移信号驱动阀芯旋转并产生进动，阀门打开，阀口开度信号输出至 AMESim，液压阀口打开、沟通液压缸油路，活塞上产生液压作用力，液压力传递至 ADAMS，作用于液压活塞上，使活塞动作产生位移，由于螺旋作用使阀口关小，同时，活塞位移量值、阀口开度量值实时输出至 AMESim。

5.3　建立 ADAMS 动力学模型

5.3.1　三维模型建立

数字液压缸主要包括步进电机、三通滑阀、液压缸活塞杆、缸体、丝杠、反馈螺母、管路等部分，其三维模型可直接在 ADAMS 软件内建立，也可选择专业建模软件。完成数字液压缸各零部件装配后将整体模型文件保存为. x_t 格式,而后导入到 ADAMS 中。

按照以上参数在三维建模软件 Solidworks 中建立数字液压缸各个零件的模型,最后按照装配关系将各个零件装配到一起得到整机模型,外形如图 5.4 所示,剖面如图 5.5 所示。从图 5.5 中可以看到双级螺旋数字液压缸的内部结构。

图 5.4　数字液压缸装配示意图

图 5.5　双级螺旋数字液压缸剖面示意图

5.3.2　动力学模型建立

将三维模型导入到 ADAMS 时,根据数字液压缸建模研究实际,需要对软件环境进行设置。具体步骤如下:

(1) 设置坐标系,选择笛卡尔坐标系,如图 5.6(a)所示;

(2) 设置单位,考虑到液压缸运行时一般以毫米为单位,同时为了方便在后续联合仿真中与液压缸模型的单位保持一致,将单位设置为"MMKS",如图 5.6(b)所示;

(3) 设置重力加速度,如图 5.6(c)所示。

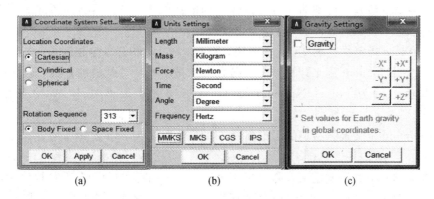

图 5.6　ADAMS 环境设置

完成环境设置后,就可以将 Solidworks 中的三维模型导入到 ADAMS 中。为了简化计算,删除不需要在 ADAMS 中分析的部分,主要保留液压缸、滑阀、丝杠等结构,如图 5.7 所示。

图 5.7　ADAMS 中数字液压缸模型

　　这样导入的模型虽然结构是完整的，但是并不具有物理属性，不能进行仿真，因此还需要在 Modify Body 窗口中添加各构件的材料特征。

　　最后需要设置各构件之间的运动约束。添加约束就是把数字液压缸实际运行时的各构件运动关系抽象成相对应的运动副，然后在构件间定义运动约束。主要约束分配如表 5.1 所示。

表 5.1　各构件之间的主要运动约束副

构件 1	构件 2	运动副
活塞杆	缸筒	滑移副
丝杠	连接套	固定副
丝杠	反馈螺母	螺杆副
电机轴	联轴套	固定副
阀芯	联轴套	滑移副
活塞杆	反馈螺母	固定副
阀芯	阀套	滑移副
阀芯	连接套	螺杆副
缸筒	阀套	固定副

　　基于 ADAMS 虚拟样机模型的仿真分析，需要考虑各部件之间的接触、摩擦，对于液压缸模型，需设置活塞运行到端部时与缸体之间的接触力，设置界面如图 5.8 所示，接触类型为实体接触，接触参数说明如下：

　　(1) Stiffness 指定材料刚度，一般来说，刚度值越大，积分求解越困难。

　　(2) Force Exponent 用来计算瞬时法向力中材料刚度项贡献值的指数，通常取 1.5 或更大。其取值范围为 Force Exponent $\geqslant$ 1，对于橡胶可取 2 甚至 3，对于金属则常取 1.3～1.5。

　　(3) Damping 定义接触材料的阻尼属性，取值范围为 Damping $\geqslant$ 0，通常取为刚度值的 0.1%～1%。

　　(4) Penetration Depth 定义全阻尼(full damping)时的穿越值。在零穿越值时，阻尼系数为零；ADAMS/Solver 运用 3 次 STEP 函数求解这两点之间的阻尼系数。其取值范围为 Penetration Depth $\geqslant$ 0。

　　接触参数中刚度 K 越大，两物体渗透的量越小；指数 e 越大，两物体渗透的量越大；阻尼 C 越大，渗透量曲线越平滑，碰撞力曲线越平滑。

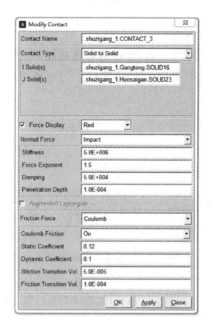

图 5.8　活塞与缸体之间的接触力设置

5.3.3　模型验证

模型建立好之后，需要对模型各个结构、约束的定义是否正确进行验证，主要有以下两项内容。

1）模型自检

主要检查是否存在过约束的情况，构件物理属性定义情况，连接及约束是否合适等。使用软件中的模型检验工具检查，检查结果如图 5.9 所示。经检验，整个模型一共有 8 个构件、1 个圆柱副、2 个旋转副、2 个螺旋副、1 个平移副、4 个固定副、1 个驱动副，没有冗余约束，模型建立正确。

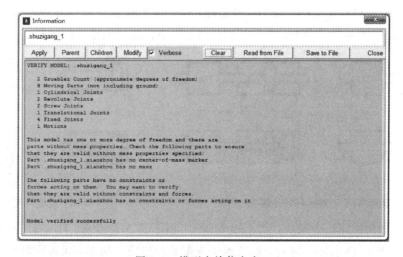

图 5.9　模型自检信息窗口

2）运动学验证

在活塞杆与液压缸的滑移运动副上添加驱动，设置活塞杆上的驱动副运动函数为 $x=0.005 \times \sin(5 \times \text{time})$，运行时间为 3 s，检查活塞杆运动是否带动阀芯反馈运动。阀芯反馈的结果如图 5.10 所示，从图中可以看出，阀芯反馈的运动曲线满足设置的运动函数，模型满足设计要求。

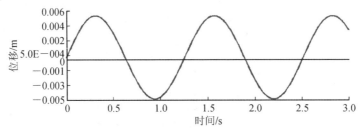

图 5.10　阀芯反馈运动曲线

5.4　建立 AMESim 液压模型

5.4.1　考虑数值解算的模型优选

AMESim 可以求解两类微分方程：常微分方程（ODE）和微分代数方程（DAE）。后者采用隐含变量，AMESim 与 ADAMS 中的一般状态方程接口仅支持 ODE，因此，AMESim 中的任何子模型在导出到 ADAMS 时都不能使用隐含变量，这就需要修改 AMESim 模型，以消除可能创建的任何隐式变量来解析代数回路。

AMESim 模型在其积分器运行时，可以采用一些特殊的技巧来处理不连续性问题。这在使用 ADAMS 积分器时是不可能的，根据 ADAMS GSE 的文件规则，ODE 的进口系统必须是连续的，因此，在 AMESim 建模时应完全避免硬间断，也就是使状态变量的值避免间断。在建模时避免使用如图 5.11 所示的具有积分质量的液压作动器图标，因为其子模型采用了硬间断，如果应用这些子模型，则要确保避免执行机构运行到终止点。为方便起见，最好使用图 5.12 所示的子模型，其采用弹性端止，不存在硬间断。

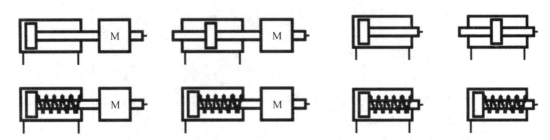

图 5.11　不宜采用的子模型　　　　　图 5.12　适宜采用的子模型

同样地，如果使用质量模块，则使用 MAS21 而不是 MAS005。MAS21 和 MAS005 模块端口定义如图 5.13 所示。MAS005 子模型仅配置理想终点模型，仅将位移限制在指定范围内。MAS21 子模型包含三种可选的终点模型，即理想、弹性及采用恢复系数，将位移限

制在指定范围内。比如，对于弹性终点模型，当位移
进入端止点时，施加包括弹簧和阻尼力的附加接触
力，为使该力具有连续性，对阻尼系数进行修正，使
其在接触开始时为零，然后渐渐接近其全值。

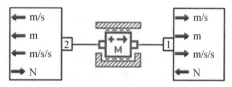

5.4.2   液压部分建模

图 5.13   MAS21 和 MAS005 模块端口定义

对于管路、油源等部分，可以直接利用液压库中的模型进行建模。在 AMESim 中将第
4 章建立的液压缸、控制阀等主要元件及其他部分按照油路、信号的关系连接好，并预留与
ADAMS 的接口，建立数字液压缸液压部分模型，如图 5.14 所示。图中接口 1 为输入接口，
定义为控制阀开口量；接口 2 为输入接口，定义为液压缸活塞的位移；接口 3 为输出接口，
定义为液压缸活塞输出液压力。油源部分按照数字液压缸供油实际采用定量泵，管路对系
统的影响不能忽略，因此管道子模型设置为 HL000，按照实际设置管道长度和管壁厚度的
值，液压缸内的管路可以简化为直接连接。

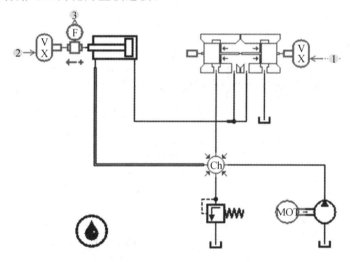

图 5.14   数字液压缸液压部分模型

5.5   联合仿真接口设置

联合仿真模型采用的是耦合式，需要将 AMESim 生成的中性文件导入到 ADMAS 模
型中，以 ADMAS 作为 Master 求解器，可以直接在 ADAMS 中修改 AMESim 模型的参数。
在两个软件中建立好模型后，需要设置两个软件接口及输入、输出等状态变量。

5.5.1   AMESim 接口设置

1. 创建接口模块

在 AMESim 的草图模式中，通过菜单 Modeling—Interface block—Create interface
icon，建立 Interface 接口模块，选择 "AdamsCosim" 模式，按照输入与输出的关系建立动力
学模型与液压模型的数据交换接口，如图 5.15 所示。

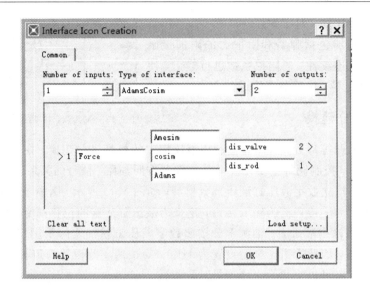

图 5.15　创建接口

2. 生成联合仿真文件

将上一步建立的接口模块导入到 AMESim 液压模型中，完成连接后，得到数字液压缸联合仿真模型，如图 5.16 所示，设置模型处于仿真模式，生成联合仿真所需文件(.dll 文件)。注意：设置 AMESim 液压模型的运行时间与仿真步长都要与 ADAMS 模型保持一致。

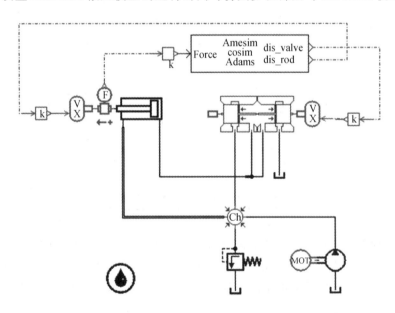

图 5.16　数字液压缸联合仿真模型

5.5.2　ADAMS 变量设置

1. 创建变量参数(data element)

变量参数主要有输入变量(ARRAY_1)、状态变量(ARRAY_2)及输出变量(ARRAY_3)，如图 5.17 所示。其中，输入参数为阀芯反馈位移，由 ADAMS 解算得到并传至 AMESim 液压模型，输出参数为活塞杆速度，由液压模型解算得到并传至 ADAMS 模型。

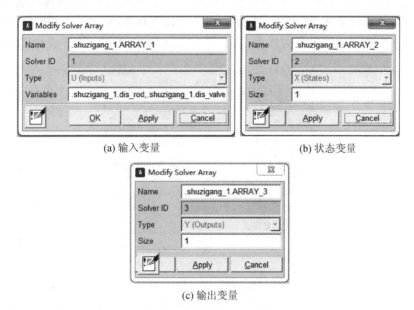

(a) 输入变量　　　　　　　　　　　　　(b) 状态变量

(c) 输出变量

图 5.17　变量参数

2. 创建仿真变量(system element)

仿真变量包括液压作用力、活塞位移、控制阀开口量等变量，如图 5.18 所示。

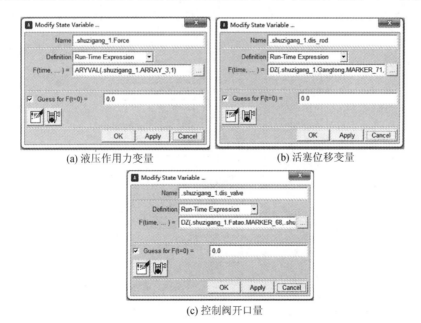

(a) 液压作用力变量　　　　　　　　　　(b) 活塞位移变量

(c) 控制阀开口量

图 5.18　创建仿真变量

3. 创建交互式仿真接口 GSE

交互式仿真接口用来建立 ADAMS 与 AMESim 之间的联系，分别选择输入变量数组"ARRAY_1"、输出变量数组"ARRAY_3"，用户函数参数设置为"1.0，3.0"，状态变量数组选择"ARRAY_2"，初始采样时间为 0.0，采样间隔为 0.001 s，如图 5.19 所示。

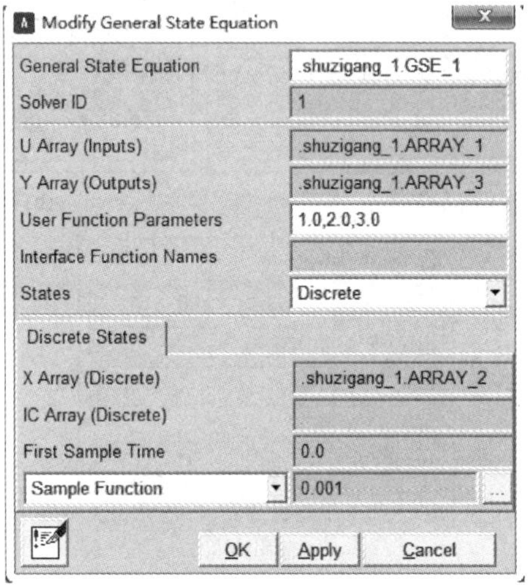

图 5.19　创建交互式仿真接口

4. 添加驱动

数字液压缸的初始驱动来自步进电机的输出角位移，所以在机械模型中给出电机转动信号，施加如图 5.20 所示的角位移信号，定义函数为：STEP(TIME, 0.2, 0, 1, 360d) ∗ time。

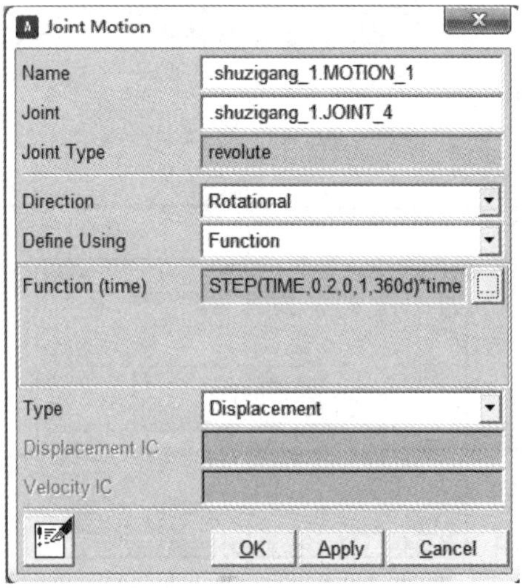

图 5.20　添加驱动

5. 设置求解器

因为选择 ADAMS 作为主控软件，所以需要把 AMESim 液压模型导入到 ADAMS 中进行求解，求解器设置如图 5.21 所示，主要将 Category 选择为外部接口 Executable，Solver library选择为 AMESim 生成的中性文件。

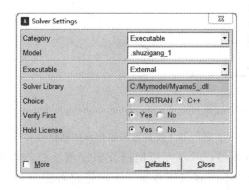

图 5.21　求解器设置

6. 创建仿真脚本

如图 5.22 所示，仿真脚本命令主要包括仿真时长和步长，这两个参数需要与液压模型保持一致。因为选择 ADAMS 作为主控软件，所以点击仿真控制器 Simulation Control 中的运行键后，两个软件中的模型就会同时开始运行，从而完成联合仿真。

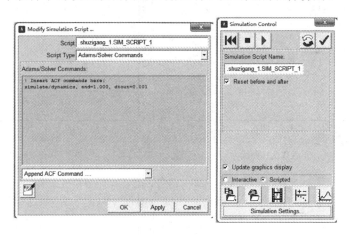

图 5.22　仿真脚本及仿真控制器

5.6　联合仿真分析

5.6.1　单级螺旋反馈式数字液压缸联合仿真分析

根据数字液压缸的实际结构，在 ADAMS 中设置丝杠与反馈螺母之间螺旋的螺距为 3 mm，单级螺旋反馈式数字液压缸设定步进电机输出角位移信号如图 5.23 所示。

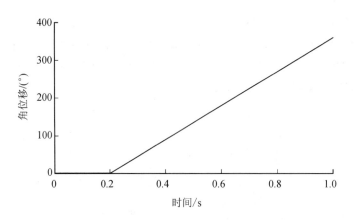

图 5.23　步进电机输出角位移信号

　　通过构建的联合仿真模型，可以方便地研究数字液压缸的性能影响因素。比如，分析负载变化、供油压力变化、不同阀口遮盖量、连接管路等因素对数字液压缸的动态性能及输出精度等影响情况，得出影响性能的趋势规律，从而提出改善性能的改进措施。

　　图 5.24～图 5.26 所示为阀口不同遮盖量下的仿真运行结果。由图可知，零遮盖、正遮盖、负遮盖对应的活塞动作位移值为 2.97 mm、2.93 mm、2.87 mm，显然零遮盖对应的液压缸控制精度最高，但其实现困难、成本高，因此一般选择正遮盖控制阀。

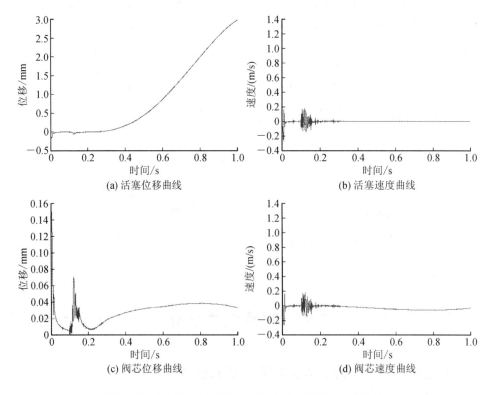

图 5.24　单级螺旋式数字液压缸仿真结果（阀口零遮盖）

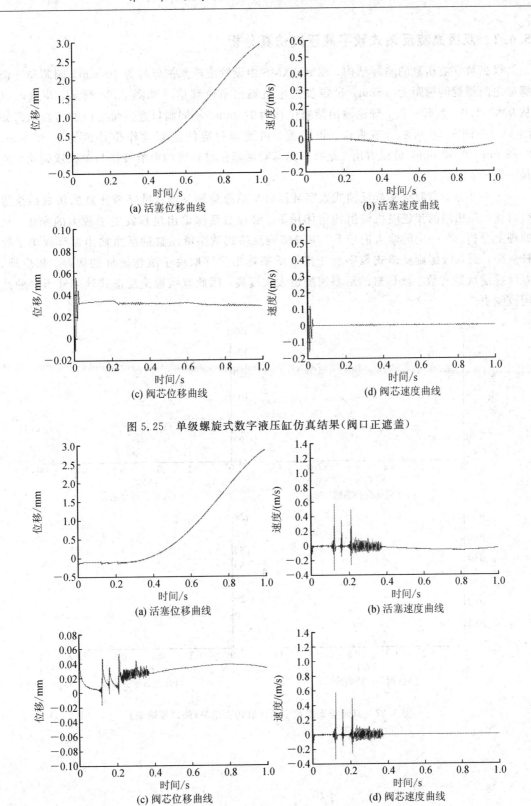

图 5.25　单级螺旋式数字液压缸仿真结果(阀口正遮盖)

图 5.26　单级螺旋式数字液压缸仿真结果(阀口负遮盖)

5.6.2 双级螺旋反馈式数字液压缸仿真分析

根据数字液压缸的实际结构，在 ADAMS 中设置滚珠丝杠导程为 10 mm、阀芯与反馈螺母之间螺旋的螺距为 3 mm，设定步进电机输出角位移信号如图 5.24 所示，步进电机从 0.2～1.0 s 旋转一周，理论输出活塞位移为 10 mm。不同阀口遮盖量对应的仿真结果如图 5.27～图 5.29 所示，零遮盖、正遮盖、负遮盖对应的活塞动作位移值为 9.86 mm、9.78 mm、9.53 mm，可以看出，此阀口遮盖对活塞位移精度的影响规律与单级螺旋反馈式是一致的。

进一步地，将双级螺旋反馈式数字液压缸与单级螺旋反馈式数字液压缸的仿真结果进行对比，在相同的步进电机输出转角作用下，液压缸活塞输出位移发生了较大的变化。从原理上分析，在一定的输入信号下，单级螺旋反馈式数字液压缸的活塞输出位移取决于螺杆螺距，而双级螺旋反馈式数字液压缸的活塞输出位移取决于滚珠丝杠的螺距。相应地，双级螺旋反馈式数字液压缸的活塞速度也大大提高，因此双级螺旋反馈式数字液压缸的适用范围更广。

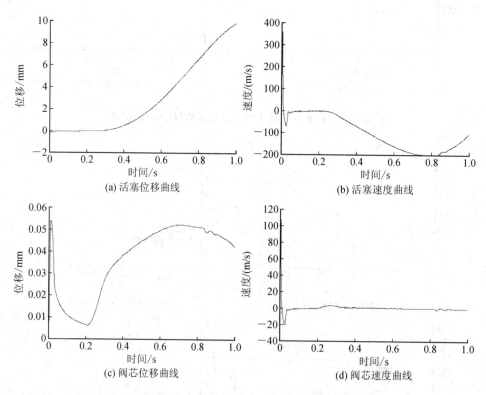

图 5.27　双级螺旋式数字液压缸仿真结果(阀口零遮盖)

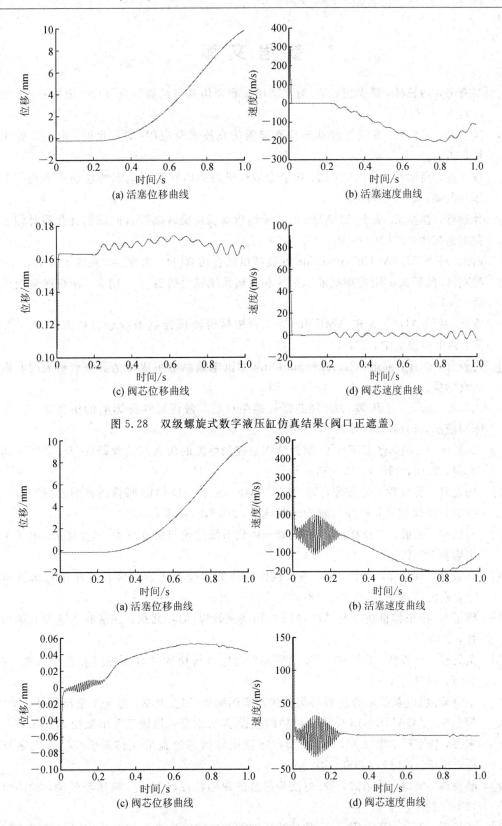

图 5.28　双级螺旋式数字液压缸仿真结果（阀口正遮盖）

图 5.29　双级螺旋式数字液压缸仿真结果（阀口负遮盖）

参 考 文 献

[1]　刘有力，马长林，潘荣安，等.数字液压缸联合仿真与试验研究[J].机床与液压，2019 (5)：57 - 60.

[2]　高钦和，马长林.液压系统动态特性建模仿真技术及应用[M].北京：电子工业出版 社，2013.

[3]　钱文鑫，高钦和，李向阳，等.基于虚拟样机的轴向柱塞泵动态特性仿真研究[J].液 压与气动，2017(8)：61 - 67.

[4]　孙建玲，祁军义.基于 ADAMS 的挂弹钩传动机构旋转副配合间隙的优化设计[J].装 备制造技术，2012(9)：36 - 38.

[5]　谢地.基于 ADAMS 和 AMESim 的装载机联合仿真[D].太原：太原理工大学，2011.

[6]　鲍克远.反铲式矿用挖掘机液压系统和机械系统联合仿真[D].南京：南京航空航天大 学，2016.

[7]　袁亮.基于 ADAMS 和 AMESim 的工程机械臂液压控制系统联合仿真研究[D].绵 阳：西南科技大学，2016.

[8]　马长林，李锋，郝琳，等.基于 Simulink 的机电液系统集成化仿真平台研究[J].系统 仿真学报，2008，20(17)：4578 - 4581.

[9]　江海军，宋飞，王传辉，等.阀芯螺杆螺距对数字液压缸性能影响的仿真分析[J].机 床与液压，2014，42(11)：150 - 152.

[10]　顾长明，王品，张宏宇，等.数控液压缸控制性能的仿真与试验研究[J].液压气动与 密封，2016，36(5)：55 - 58.

[11]　杨之江，吴林瑞，吴齐才，等.基于 AMESim 和 ADAMS 联合仿真的发射平台起竖 控制方法研究[J].导弹与航天运载技术，2016(2)：36 - 38.

[12]　高钦和，龙勇，马长林，等.机电液一体化系统建模与仿真技术[M].北京：电子工业 出版社，2012.

[13]　马长林，黄先祥，李锋，等.基于软件协作的多级液压缸起竖系统建模与仿真研究 [J].系统仿真学报，2006，18(z2)：523 - 525.

[14]　郭卫东.虚拟样机技术与 ADAMS 应用实例教程[M].北京：北京航空航天大学出版 社，2008.

[15]　黄先祥，马长林，高钦和，等.大型装置起竖系统协同仿真研究[J].系统仿真学报， 2007，19(1)：1 - 3.

[16]　李剑峰.机电系统联合仿真与集成优化案例解析[M].北京：电子工业出版社，2010.

[17]　郭卫东.ADAMS2013 应用实例精解教程[M].北京：机械工业出版社，2015.

[18]　宋飞，楼京俊，徐文献，等.某型数字液压缸阀芯遮盖形式仿真研究[J].机床与液 压，2015，43(19)：200 - 202.

[19]　颜晓辉，何琳，徐荣武，等.电液步进缸的跟随特性研究[J].液压与气动，2015(1)： 123 - 127.

[20]　顾长明，王品，张宏宇，等.数控液压缸控制性能的仿真与试验研究[J].液压气动与

密封，2016，36(5)：55 - 58.

[21]　MA C L，LI F，HAO L，et al. Modeling and simulation for electro hydraulic systems based on multi-software collaboration ［C］//Asia Simulation Conference，2008：123 - 126.

[22]　马长林，于传强，郝琳. 机液耦合系统一体化快速仿真技术研究[C]//第六届中国系统建模与仿真技术高层论坛论文集，2011(10)：180 - 202.

第6章　数字液压缸性能优化与测试试验

测试是液压技术的灵魂。在液压技术里，测试是评价液压元件及其性能的最终依据。因此在完成数字液压缸建模仿真及优化分析后，需要对数字液压缸的性能进行测试，以便对仿真结果及优化改进措施进行验证。

本章首先利用建立的模型，从内部结构及外部变量两个方面，对影响数字液压缸定位精度的因素进行仿真分析。然后从硬件设计和软件设计两个方面对数字液压缸检测试验系统的结构组成、工作原理、元件选型和使用方法做详细的阐述。再利用试验系统完成该型数字液压缸测试试验，对于外部变量的优化分析和脉冲调整策略也通过试验系统进行验证。最后利用传感器在设备上进行试验，进一步验证仿真结果的正确性，并为进一步研究系统性能奠定基础。

6.1　数字液压缸的性能优化分析

6.1.1　结构优化分析

1. 理论分析

分析第 3 章式(3.20)，分子第一项为稳态情况下活塞杆的空载速度，第二项为负载引起的活塞杆速度变化，所以可以得到：

对阀开口量 x_v 的传递函数为

$$\frac{X_p}{x_v} = \frac{\dfrac{K_q}{A_h}}{s\left(\dfrac{s^2}{\omega_h^2} + \dfrac{2\zeta_h s}{\omega_h} + 1\right)} \qquad (6.1)$$

对负载 F_L 的传递函数为

$$\frac{X_p}{F_L} = -\frac{\dfrac{K_{ce}}{A_h^2}\left(1 + \dfrac{V_0}{\rho_e K_{ce}}s\right)}{s\left(\dfrac{s^2}{\omega_h^2} + \dfrac{2\zeta_h s}{\omega_h} + 1\right)} \qquad (6.2)$$

1) 对阀开口量 x_v 响应的分析

在式(6.1)中，数字液压缸对阀口开口大小 x_v 的响应主要由比例、积分和二阶震荡三个环节组成，这三个环节中的主要参数有放大系数 K_q/A_h、液压固有频率 ω_h 和液压阻尼比 ζ_h。放大系数与流量增益、控制腔作用面积有关，提高放大系数可以提高精度和响应速度，但系统稳定性将会变差；液压固有频率与有效体积弹性模量、初始容积、控制腔作用面积、折算总质量有关，提高液压固有频率可提高响应速度；液压阻尼比与压力增益、控制腔作用面积、折算总质量、控制腔容积有关，液压阻尼比表示系统的相对稳定性，同时也是一个计算较为准确的"软量"。

通过分析以上三个参数大小的决定因素和其对系统的影响，考虑到作用面积、液压腔容积、弹性模量这些因素与油缸的使用工况有关，在设计后已经是固定值，在此不作分析，此处主要分析流量增益、压力增益的影响，而这两个量又都与控制滑阀有关，因此控制滑阀的相关参数是影响数字液压缸的主要因素。

2）对负载 F_L 响应的分析

在式（6.2）中，负载 F_L 对活塞杆的位移和速度产生影响，刚度的大小决定了系统的控制精度，这里可以使用刚度进行分析。在推导数字液压缸的刚度特性时，无需考虑外部输入的影响，因此将输入脉冲量设为零，联立式（3.7）和式（3.21）可以得出系统闭环刚度为

$$\frac{F_L}{x_p} = -\frac{s\left(\dfrac{s^2}{\omega_h^2} + \dfrac{2\zeta_h s}{\omega_h} + 1\right) + \dfrac{K_q}{A_h}K_1}{\dfrac{K_{ce}}{A_h^2}\left(1 + \dfrac{V_0}{\rho_e K_{ce}}s\right)} \tag{6.3}$$

式中：$K_1 = t_1/t_2$ ——反馈系数。

从式（6.3）可以看出，影响数字液压缸闭环刚度大小的参数与1）中分析的参数相同，同时还增加了反馈系数 K_1，反馈系数与螺母螺距和丝杠导程有关，闭环刚度随丝杠导程的增大而增大。

2. 控制阀开口形式

液压阀的开口形式有零开口、负开口和正开口三种，如图 6.1 所示。零开口是非常理想的情况，对于加工精度和装配的要求很高，且长期磨损后很难继续保持零开口，一般成本较高；负开口有一定的遮盖，存在死区非线性，但这种开口制造成本较低，密封性好；正开口相当于一直处于打开的状态，流量增益很大，可以提高系统的快速性，但是会造成能量的浪费。

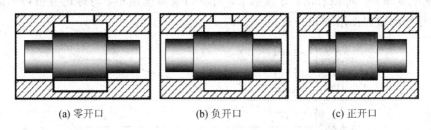

(a) 零开口　　　　　　　(b) 负开口　　　　　　　(c) 正开口

图 6.1　滑阀三种遮盖形式

仿真中设置活塞杆正向运行 2 mm 后再反向运行 2 mm，在液压模型中修改控制滑阀的参数，将开口大小分别设为 -0.1 mm、0 mm、0.1 mm、0.15 mm 进行仿真。最终，4 种开口大小对应的定位误差分别为 0.1039 mm、0.0400 mm、0.0508 mm、0.0654 mm，结果如图 6.2、图 6.3 所示。可以得出：正开口和零开口时，定位误差相差不大，且由于正开口存在预开口量，反应灵敏，系统响应速度较快；而负开口定位误差较大，这主要是因为滑阀存在死区，只有当阀芯位移大于遮盖量时，阀口才会打开，油缸开始移动。

但正开口并不是越大越好，从图 6.2 中可以看出，随着正开口量的增大，误差也会变大。同时，从图 6.3 中可以看出，正开口时的供油流量要高于零开口和负开口的情况，这样会产生更多热量，造成能源浪费。因此，根据仿真的结果可知，零开口最适合，但实际应用

中零开口又很难做到，所以在制造精度允许的条件下，选择预开口量最小的阀芯，使其尽量接近于零开口。

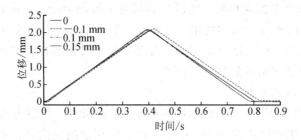

图 6.2　不同开口时油缸位移曲线

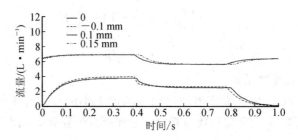

图 6.3　不同开口时供油流量曲线

3. 丝杠导程

仿真分析不同丝杠导程大小对定位精度的影响，设置系统正向运行 2 mm，在 ADAMS 中设置导程分别为 1 mm、2 mm、3 mm、4 mm、5 mm 进行仿真，最终 5 种丝杠导程对应的误差分别为 0.0802 mm、0.0576 mm、0.0400 mm、0.0300 mm、0.0188 mm，位移曲线如图 6.4、图 6.5 所示。可以看出：导程越大，对应的误差就越小，与理论分析得出的闭环刚度随丝杠导程的增加而增加相一致。

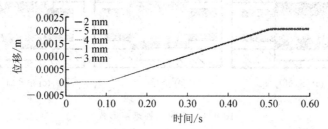

图 6.4　不同丝杠导程时位移曲线图

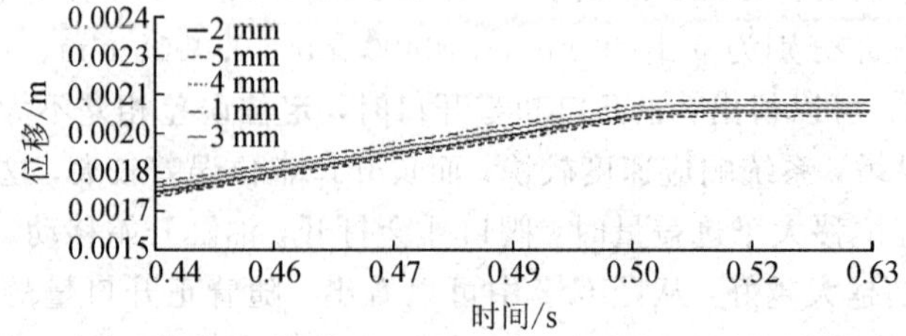

图 6.5　不同丝杠导程时位移曲线放大图

由系统工作原理可以得出控制精度的大小，也就是单个脉冲引起的液压缸位移 ∇s 与丝杠导程直接相关，根据式(1.3)可以看出，如果增大丝杠导程，虽然系统定位精度得到了提高，但同时单个脉冲对应的活塞杆位移也会增大，也就是单个脉冲控制精度就会变低。因此，对于导程的选择要综合考虑，在保证控制精度的前提下，应选择较大的丝杠导程。

6.1.2 参量优化分析

本节针对负载大小、供油压力、步进电机频率等可以改变的外部因素进行优化分析。

1. 负载大小

由数字液压缸数学模型可以看出，负载会对活塞的位移产生影响。分别设置不同的外负载，频率设为 400 Hz，在额定油压下运行 2 mm，仿真结果如图 6.6 所示。从图中可以看出，在较大外负载作用下，油缸动作有明显延迟，约为 0.02 s，定位误差也高于空载时的误差，为 0.0809 mm。

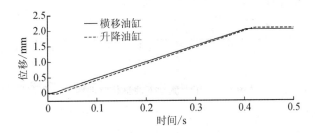

图 6.6 不同负载下活塞杆位移曲线

为探究该型油缸可以承受的最大负载，设置油缸在 400 Hz 下分次累加运行，每次间隔 0.5 s，一共运行 15 s，负载设为线性增加，仿真结果如图 6.7 所示。从图中可以看出，随着负载的增大，当负载达到 215 250 N 时，活塞杆停止运动，随着负载的继续增大，出现液压油回流、液压缸反向运动的情况。结合仿真结果和实际，得出该型油缸最大负载不能超过 210 000 N，如果超负载运行，会对数字液压缸造成严重的影响，导致设备损坏等情况。

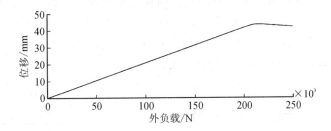

图 6.7 负载线性增加下液压缸位移变化曲线

2. 供油压力

在液压模型中分别设置油源部分的压力为 14 MPa、16 MPa、18 MPa、20 MPa、22 MPa，电机频率为 400 Hz，控制活塞杆伸出，仿真结果如表 6.1 所示。从表中可以看出，数字液压缸定位精度随着入口油压的增大而提高，因此可以考虑在油压允许范围内，适当提高数字液压缸的入口压力。

表 6.1　不同油压下数字液压缸位移

脉冲量	14 MPa	16 MPa	18 MPa	20 MPa	22 MPa
80	1.0693 mm	1.0457 mm	1.0373 mm	1.0265 mm	1.0214 mm
160	2.0784 mm	2.0587 mm	2.0400 mm	2.0351 mm	2.0300 mm

另外,根据日常操作时测得的压力运行数据,在供油不稳定时,压力会在±3 MPa范围内波动,因此设置入口压力为 $p_s = 18 + 3\sin(10\pi t)$ MPa 来模拟供油压力的波动,利用模型进行仿真分析的结果如图6.8所示。从图中可以看出,压力波动时活塞杆的运动也会产生较为明显的抖动,系统运行不平稳。

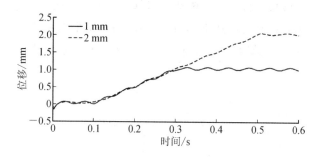

图 6.8　压力波动下油缸位移曲线

3. 步进电机频率

由数字液压缸工作原理可知,步进电机频率决定了活塞杆的运行速度,进而对油缸运行产生影响。液压缸运行速度 v 为

$$v = \nabla s \times f \tag{6.4}$$

式中：f——步进电机频率。

步进电机频率可以选择 200 Hz、400 Hz、600 Hz,在恒定油压下,仿真步进电机在这三种频率下工作时数字液压缸运行 1 mm、2 mm 的情况,结果如图6.9、图6.10所示。从图中分析可知,2种指令位移下活塞杆不论正向伸出还是反向缩回,都是频率越大,误差就越大；在电机频率为 200 Hz 时虽然最后的误差最小,但是从位移曲线中可以发现,在初始阶段活塞杆位移会有延迟,甚至有一小段反向移动。因此,综合考虑精度、响应速度,在实际应用中,将步进电机频率设为 400 Hz 是合理的。

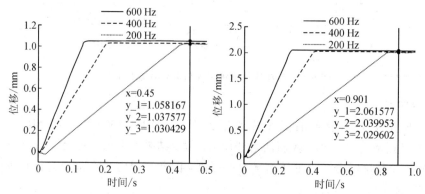

图 6.9　不同频率下正向移动曲线

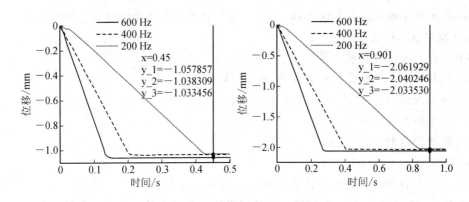

图 6.10　不同频率下反向移动曲线

4. 脉冲数量调整策略分析

在以上仿真中，输入的脉冲数量都是由理论计算得到的。例如，在电机频率为 400 Hz时，输入 80 脉冲量，理论上对应的数字液压缸位移为 1 mm，但实际应用中输入理论的脉冲数量后，活塞杆实际位移都要大于理论位移，因此可以考虑通过减少输入脉冲数量使活塞杆位移更接近于输入信号对应的理想值，从而提高精度。在电机频率为 400 Hz 下，设置仿真时间为 0.5 s，通过活塞杆位移曲线反推运行相应大小的位移需要的脉冲数量，仿真结果如图 6.11 所示。

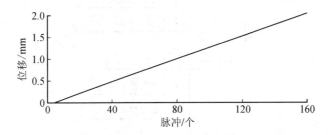

图 6.11　脉冲-位移对应曲线

将图 6.11 中的数据进行处理后，得到 3 种指令位移下活塞杆伸出时的脉冲-位移调整对应情况，如表 6.2 所示。从表中可以看出，将输入脉冲量调整一定的数量后，位移误差均小于 1 个脉冲对应的理论位移量，符合精度要求。这样就得到了通过改变输入脉冲数量提高数字液压缸精度的调整策略，操作时可以按照表 6.2 的调整方法调整输入脉冲量。

表 6.2　脉冲-位移调整对应表

指令位移/mm	理论脉冲量	仿真位移/mm	调整脉冲量	调整后位移/mm
1	80	1.0373	72	1.0057
1.5	120	1.5397	114	1.5041
2	160	2.0400	153	2.0099

6.2　性能测试试验系统

数字液压缸性能测试试验系统主要用于测试数字液压缸的控制、位移检测、加载等功能，可以实现数字液压缸在不同负载、压力、运行速度等状态下的运行控制及测试试验。

主要技术指标包括：

(1) 工作介质：15 号航空液压油。

(2) 加载压力：起始压力～28 MPa 连续可调。

(3) 恒压源压力：起始压力～28 MPa 连续可调。

(4) 恒压源流量：40 L/min。

(5) 加载力范围：0～15 吨。

(6) 污染度：优于 GJB420B - 6 级。

数字液压缸性能测试试验系统主要由液压系统、电气系统、试验台体组成，如图 6.12 所示。其中，液压系统包括泵机组件、油路块组件、油箱组件等部分，满足系统建立压力、进行试验的需要；电气系统包括电气控制单元和电气操作单元，主要实现油源的驱动控制和数据采集的功能；另外还设计了车体，可以满足设备存储、吊装、运输的需要。

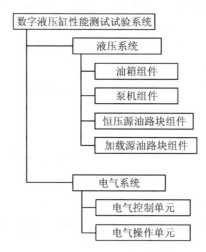

图 6.12　数字液压缸性能测试试验系统组成图

数字液压缸性能测试试验系统外观如图 6.13 所示。

图 6.13　数字液压缸性能测试试验系统

6.2.1　试验系统硬件设计

1. 液压系统原理

液压系统原理如图 6.14 所示，泵机组件主要包括电机、液压泵、减震垫等；油路块组件主要由比例溢流阀、过滤器、压力继电器、压力传感器等元器件组成；油箱组件主要由油箱体、空气滤、液位计、球阀等组成；油缸工作台主要由数字液压缸、加载缸、拉压力传感器、位移传感器等组成。

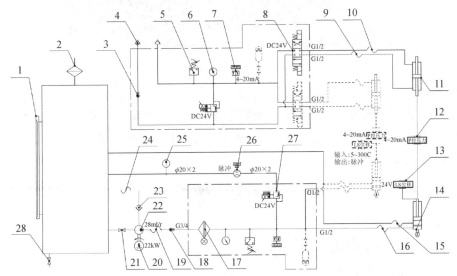

1—液位计；2—空气滤；3—单向阀；4—快速接头；5—压力继电器；6—压力表；7—压力传感器；8—电磁阀；9—软管；10—软管；11—加载缸；12—拉压力传感器；13—位移传感器；14—数字液压缸；15—软管；16—软管；17—过滤器；18—单向阀；19—软管；20—电机；21—球阀；22—泵；23—单向阀；24—软管；25—温度传感器；26—流量计；27—比例溢流阀；28—球阀

图 6.14　数字液压缸性能测试试验系统液压原理图

加载系统的油源由外部提供，数字液压缸的油源由检测试验系统本身提供。为了保护数字液压缸，在启动系统时，要先启动数字液压缸的供油泵，再启动加载缸的供油泵；关闭系统时，先关闭加载缸的供油泵，再关闭数字液压缸的供油泵。

系统的压力控制由加载系统中的比例溢流阀进行电比例控制，使系统压力从起始压力到 28 MPa 全范围连续可调。如果将供油软管 19 和其对应的回油软管通过自循环接头进行对接，然后开启泵 22，调节比例溢流阀，使系统全流量运行，即可进行恒压源管路内油液净化。如果将软管 16 与加载缸 11 进行连接，调节比例溢流阀 27，同时观察加载力，待加载力满足要求后停止调节，即可对系统进行加载试验。

2. 液压元件选型

1）泵机组件选型

泵机组件如图 6.15 所示，选用效率高、起动转矩大的 Y-H 系列三相异步电动机。根据要求，系统最大工作压力为 28 MPa，最大工作流量为 40 L/min，由泵排量公式得 $V_p = 1000Q/n \approx 27.5$ mL/s，因此选择贵州力源品牌 L10V028 系列恒压变量泵，以满足流量要求。

图 6.15　泵机组件

2）管路选择

管路对于液压系统有较大的影响，如果选择的管路不合理，液压系统运行时会出现压力波动、压力冲击等情况，影响试验结果，因此需要对检测系统的管路进行计算设计。

管道内径计算公式：

$$d = 4.61\sqrt{\frac{q_v}{v_l}} \tag{6.5}$$

式中：d ——管道内径；

　　q_v ——管路系统流量；

　　v_l ——管路最大流速。

管道壁厚计算公式为

$$\delta = \frac{pdm}{2\sigma_b} \tag{6.6}$$

式中：δ ——管道壁厚；

　　m ——安全系数（供油时取 4，回油时取 8）；

　　p ——工作压力（供油时取 28 MPa，回油时取 1 MPa）；

　　σ_b ——管道材料抗拉强度（取 520 MPa）；

系统工作时，供油与回油流量为 40 L/min，供油最大流速为 6 m/s，回油最大流速为 2.5 m/s。将数据代入公式计算后得供油管路内径为 16 mm，壁厚为 2 mm；回油管路内径为 23 mm，壁厚为 2 mm。因此供油选择 Φ20×2 的不锈钢无缝钢管，回油选择 Φ27×2 的不锈钢无缝钢管。

3）加载缸选择

由技术要求可知，加载力最大为 15 吨，加载缸设计时材质选用 40Cr。通过查阅资料可知，40Cr 的屈服强度 σ_s = 785 MPa。材料许用应力公式为 $[\gamma] = \sigma_s / m$，m 为安全系数，取 $m = 5$，则取 $[\gamma]$ = 157 MPa。材料轴向拉伸或者压缩的强度条件为 $\gamma = F/A \leqslant [\gamma]$，代入公式计算后，可得面积 A = 955 mm²，则加载缸活塞杆半径 r = 17.5 mm。根据《液压气动系统及元件　缸内径及活塞杆外径》的相关规定，将计算结果调整为标准值后得到加载缸活塞杆外径为 50 mm。

对于该系统，加载力 $F=150\,000$ N，液压泵正常工作压力为 28 MPa。由 $F=PA$，得作用面积 $A=5357$ mm²，则加载缸活塞半径 $R=48.3$ mm。根据《液压气动系统及元件　缸内径及活塞杆外径》的相关规定，将计算结果调整为标准值后得到加载缸活塞外径为100 mm。加载缸与数字液压缸的连接如图 6.16 所示，图中左边为加载缸，右边为数字液压缸，中间连接部分装有力传感器。

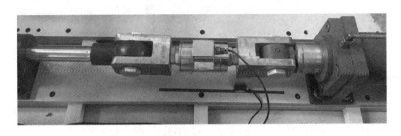

图 6.16　加载缸与数字液压缸的连接

4）油路块组件

油路块组件如图 6.17 所示，主要由蓄能器、比例溢流阀、一级过滤器、二级过滤器、回油过滤器、安全阀、压力继电器、传感器等元器件组成。油路块组件具有过滤净化、超压保护、压力检测、压力调节等功能。

图 6.17　油路块组件

其中，一级过滤器、二级过滤器、回油过滤器组成净化装置，过滤器油滤的绝对精度分别可达到 3μ 和 5μ 级，净化能力优于 GJB420B-6 级，且过滤器带污染指示器，可实现堵塞报警，以防止因油滤堵塞造成危害。

系统采用三级压力保护，通过恒压变量泵从液压系统动力源处设置第一重压力保护，系统内设置有溢流阀，以机械的方式对系统最高压力进行限制，同时又设置有压力继电器，以电气报警的方式对系统压力进行限制，当系统超压时，自动停机。

5）油箱组件

油箱组件主要由油箱体、温度传感器、液位计、空气滤等组成，其结构如图 6.18 所示。

图 6.18　油箱组件

3. 电气系统

电气系统主要由电气控制单元和电气操作单元组成，其结构如图 6.19 所示。

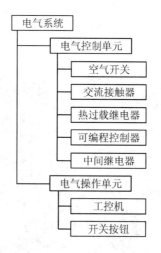

图 6.19　电气单元结构图

1）电气控制单元

电气控制单元主要由空气开关、交流接触器、热过载继电器、可编程控制器、中间继电器等电气元件组成。其中，可编程控制器 PLC 是核心，可以采集系统压力过高、过滤器堵塞、电机故障等报警信号和系统压力、温度、流量及位移等传感器信号。通过可编程控制器可以控制油泵电机的启停以及电磁换向阀的通断。

2）电气操作单元

电气操作单元主要由工控机及开关按钮组成。工控机通过以太网通信与可编程控制器相连，LabVIEW 运行环境下编写的人机交互界面可以实时显示系统压力、流量、温度等参数，同时可以发出控制电机启停、电磁阀通断以及压力调节的指令信号，可编程控制器在接收到这些指令信号后，可以实现对系统的控制。

6.2.2　试验系统软件设计

数字液压缸性能测试试验系统软件部分主要包括动力控制单元、数据采集单元和人机交互单元。

1. 动力控制单元

控制单元主要实现油源的供电，驱动电机和各执行元件动作，保护功能齐全，为液压系统的运行提供了安全、可靠的保障。

按照电气保护的要求设计压力调节报警、液位过低报警功能。液位控制继电器接入控制柜中的 PLC，PLC 接收到液位传感器的报警信号后，经过滤波程序分析确认是否为真实报警。当油箱液位下降到液位过低报警位置时，液位控制器输出报警信号接入 PLC 控制器，触发报警元件报警，并在显示器上显示提示信息，提示操作人员停止设备运行，并给油箱加油。如果不给油箱加油，油箱液位继续降低，当油箱液位下降到液位极低报警位置时，PLC 控制器输出至比例阀控制器的信号在 2 s 内自动平稳降为零，控制设备自动平稳降压，停止油泵运行，形成保护，并在显示器上显示提示信息。

压力调节与报警流程如图 6.20 所示。系统的压力调节采用闭环程序自动调节，在显示器上输入设定压力，设定压力与压力传感器的反馈压力进行比较，PLC 输出信号至比例阀电子控制器，控制比例阀电子控制器的输出信号，以调节比例溢流阀，比例阀电子控制器的输出信号根据 PLC 信号改变，从而达到对系统压力的控制。系统超压报警采用压力继电器控制，系统管路上安装的压力继电器可以设置报警压力，当系统压力超过 30 MPa 时，PLC 采集到报警信号后立即停止油泵电机运行，并在显示器界面发出报警信号。

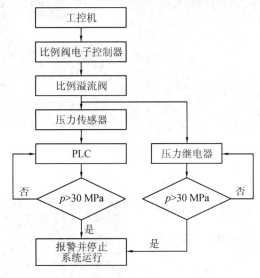

图 6.20　压力调节与报警流程图

2. 数据采集单元

数据采集单元是以工控机、控制器配合图形化编程软件 LabVIEW 组成的自动化控制单元。工控机选择研华工业控制计算机；位移传感器采用 MR50 型磁栅传感器，测量精度为 0.0001 mm，如图 6.21 所示；控制器选用西门子公司 S7 - 200 SMART 系列可编程控制器，其最大采样速率为 4000 Hz，采样精度为 12 位，负责所有参数的采集和数字 I/O 输出；温度、压力、流量等传感器输出的 4～20 mA 信号经过信号隔离器滤波后接入控制器的 AI 模块，再通过滤波程序对采集到的数据进行处理，硬件和软件滤波同时进行，抗干扰能力强，控制器通过以太网与工控机进行通信。所有程序均通过上位机的 LabVIEW 程序执行。

图 6.21　位移传感器

3. 人机交互单元

人机交互单元为研华工控机与显示器组成的计算机操作系统，如图 6.22 所示。系统采用图形化设计软件 LabVIEW 进行编程。显示器用于前端数据的显示、控制、记录与查询，并以曲线形式分析和显示，稳定性高，时效性强。所有报警信号出现后在显示器上显示并保持，需要人为消除。软件界面如图 6.23 所示。

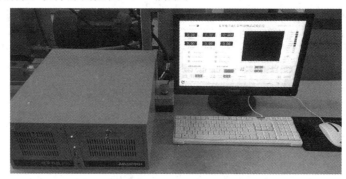

图 6.22　工控机与显示器

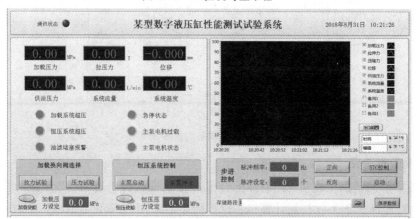

图 6.23　软件界面

6.3　试验系统 AMESim 仿真分析

6.3.1　AMESim 建模

在对数字液压缸系统建立的 AMESim 仿真模型的基础上，结合试验系统中对加载系统模块的组成，以及其进行加载工作的相关原理，搭建如图 6.24 所示的数字液压缸性能试验系统的 AMESim 仿真模型。

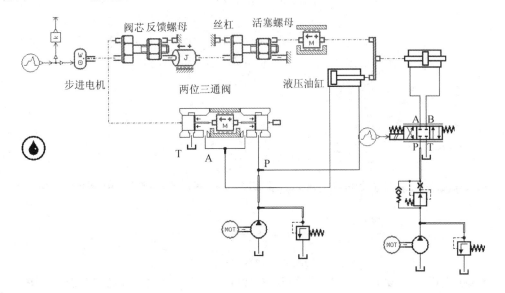

图 6.24　试验系统模型

在图 6.24 中，左边为数字液压缸模块，右边为加载模块，中间通过线性轴节点连接，用于代替实际中的数字油缸与加载油缸的刚性连接组件。图 6.25 为仿真软件中线性轴节点的外部变量，加载油缸通过线性轴端口 3 将加载力作用于数字油缸的伸出活塞杆上，而数字液压缸的伸出活塞杆也将其位移量通过线性轴端口 1 作用于加载油缸上。

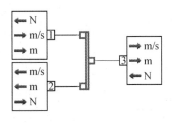

图 6.25　线性轴节点端口定义

在该试验系统中，先通过计算机对步进电机输入一定的指令脉冲量，在数字液压缸内经过相应的传动与反馈，使受到加载系统的加载油缸输出加载力的数字油缸作出响应，然后将数字油缸的实际响应与对应的指令响应进行对比分析，得出误差精度以及数字液压缸动态响应特性。

6.3.2　仿真分析

设定主要仿真运行参数，数字液压缸系统模型中的参数设置和之前一致，加载系统的压力流量依据对应实验需要而进行设定。在此主要将加载油缸的实际参数与相应模型相对应进行设定，如图 6.26 所示。

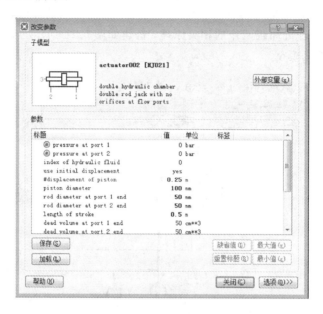

图 6.26　加载油缸参数

进入仿真模式后，仿真有负载的情形。在加载回路中，对加载油缸可施加 4 MPa 的工作压力，对应的加载力约为 23 600 N。在数字液压缸回路中，步进电机的输入频率为 400 Hz，液压缸工作压力为 5 MPa，首先给出 1 mm 的油缸运行指令，对应运行时间为 0.2 s，对应 80 个脉冲量。为保证油缸的稳定运行，以及出于对设备安全的考虑，先开启两油源，对数字油缸和加载油缸供油，产生一定压力后再使数字油缸动作，得到数字油缸的动作曲线，如图 6.27 所示。

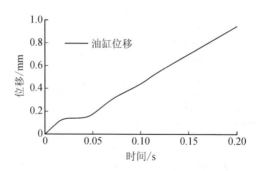

图 6.27　指令 1 mm 油缸位移曲线

同样地，将电机运行时间改为 0.4 s，即对应 160 个脉冲量，得到如图 6.28 所示的数字油缸的响应曲线。

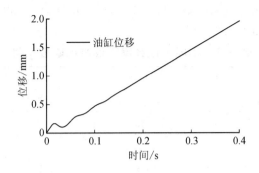

图 6.28　指令 2 mm 油缸位移曲线

　　通过仿真可得出以下结果：在供油压力为 8 MPa，加载压力为 4 MPa，即加载力为 23 600 N 的情况下，指令位移为 1 mm 时，油缸对应的响应位移为 0.9418 mm；在指令位移为 2 mm 时，油缸对应的响应位移为 1.9587 mm。结合仿真曲线可以看出，在油缸两腔压力达到平衡前，油缸运动产生轻微波动，运行不是十分平稳，但压力到达平衡后，油缸几乎以恒定的输出速度响应，最终位移与指令位移的偏差极小。在有负载的情况下，油缸比没有负载情况下的运行更加平稳。

　　数字油缸在输入指令下进行稳定动作，在 1 mm、2 mm 指令位移下的工作过程中，其两腔压力变化分别如图 6.29、图 6.30 所示。从图中可以明显看出，两腔压力先逐步升高，而后有杆腔压力保持恒定，无杆腔压力则处于微小动态变化中，但是这种动态变化与无负载情况下略有不同，动态变化幅度随着时间的推移而逐渐递减，最后几乎保持不变。由此可以看出，有负载情况下数字油缸的动作比无负载情况下更加稳定，与前面有负载情况下位移曲线比无负载情况下更加平稳的结论相吻合。因此可以得出，油缸在有负载情况下比无负载情况下运行更稳定，但这只适用于加载压力适中的情况。

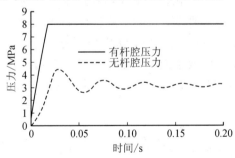

图 6.29　1 mm 指令位移下油缸两腔压力

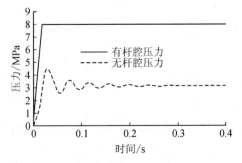

图 6.30　2 mm 指令位移下油缸两腔压力

分别对数字油缸输入 600 Hz、400 Hz、200 Hz 的脉冲信号，得出其在 1 mm、2 mm 指令位移下的响应结果，如表 6.3 所示。

表 6.3　不同工作频率下油缸的响应结果

工作频率	指令 1 mm		指令 2 mm	
	伸出	缩回	伸出	缩回
600 Hz	0.9346	0.9383	1.9736	1.9347
400 Hz	0.9432	0.9418	1.9602	1.9587
200 Hz	0.9628	0.9679	1.9701	1.9721

由以上结果分析可知，在有加载力的情况下，输入相同的指令，油缸工作频率越低，响应精度反而越高。

6.4　数字液压缸性能测试试验

6.4.1　工况试验

数字液压缸性能试验系统在加载缸与数字液压缸之间安装了力传感器，可以在操作系统中读取加载力的大小，因此通过力传感器并配合调节加载缸的压力就可以实现对相应负载大小的设定。

控制数字液压缸为 400 Hz 的频率，分别在两种工况下进行正向和反向测试，将得到的试验结果与仿真结果放在一起对比，如图 6.31、图 6.32 所示。主要有以下三点结论：

（1）在定位误差方面，试验得到的误差大于仿真得到的误差，施加负载大的数字液压缸动作误差大于负载小的误差，伸出误差大于缩回误差。

（2）从对比图中发现，仿真曲线显示数字液压缸保持匀速运动，但是在试验中，数字液压缸的速度是先快后慢，在 0.32 s 附近时，速度会变慢。

（3）仿真结果中，小负载时数字液压缸的运行几乎没有延迟，大负载时数字液压缸的运行存在约 0.015~0.02 s 的延迟；但在试验结果中，两种工况都会存在延迟，但在大负载时，延迟更长。

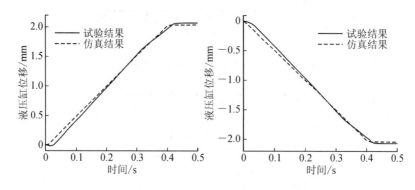

图 6.31　数字液压缸试验与仿真结果（小负载时）

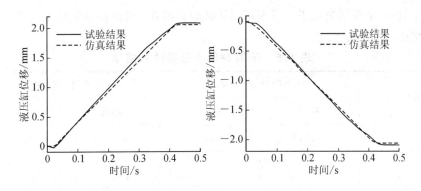

图 6.32　数字液压缸试验与仿真结果(大负载时)

同时,继续测量数字液压缸在两种工况下正向和反向运行 1 mm、1.5 mm,试验位移曲线与仿真位移曲线对比情况与运行 2 mm 时基本相同,3 种指令位移下的测量结果如表 6.4 所示。

表 6.4　不同指令位移试验结果

指令位移/mm	负载情况	伸出误差/mm	缩回误差/mm	伸出延迟/s	缩回延迟/s
1	空载	0.0517	0.0487	0.016	0.012
	带载	0.0924	0.0843	0.026	0.022
1.5	空载	0.0562	0.0506	0.019	0.020
	带载	0.0983	0.0904	0.027	0.025
2	空载	0.0614	0.0527	0.016	0.017
	带载	0.1087	0.0897	0.028	0.024

6.4.2　优化验证试验

在工况试验中,虽然由模型仿真得到的结果和试验结果不完全相同,但在定位误差上没有与试验结果存在很大出入,且考虑到实际系统中各种非线性因素的影响,模型与试验结果也是有差别的,因而判定是可以通过建立的数字液压缸模型进行优化分析的。下面利用试验系统对优化分析的结论进行验证。

考虑到试验系统中的数字液压缸已经是出厂定型的产品,因此对于内部结构的优化分析很难利用试验系统进行验证,但对于外部可控的变量进行的优化分析可以利用本系统加以验证。

1. 压力

在系统压力运行范围内,数字液压缸的定位精度随着油缸入口油压的增大而提高。因此,通过在上位机软件中设置不同的供油压力对该结论进行试验验证。设置 5 组压力,分别为 14 MPa、16 MPa、18 MPa、20 MPa、22 MPa,电机频率都为 400 Hz,输入脉冲数量分别为80、160，试验结果如表6.5所示。从试验数据看，可以验证定位精度随压力的增大而提高的结论。

表6.5　不同油压下位移试验结果

压力/MPa	80 个脉冲误差/mm		160 个脉冲误差/mm	
	缩回	伸出	缩回	伸出
14	0.1047	0.1107	0.1052	0.1147
16	0.0717	0.0842	0.0753	0.0882
18	0.0487	0.0517	0.0527	0.0614
20	0.0412	0.0471	0.0439	0.0574
22	0.0404	0.0438	0.0402	0.0435

2. 步进电机频率

频率越大，定位误差也越大，但低频可能存在运行缓慢的情况，通过设置 100 Hz、200 Hz、400 Hz、600 Hz 四组频率对这个结论进行验证。其他条件设为：输入脉冲数为 160，正反向都运行，供油压力为 18 MPa。启动系统进行试验，得出不同频率下位移试验结果，如表6.6所示。从试验数据看，可以验证优化分析中得到的频率越大定位误差越大的结论。

表6.6　不同频率下位移试验结果

频率/Hz	80 个脉冲误差/mm		160 个脉冲误差/mm	
	缩回	伸出	缩回	伸出
200	0.0384	0.0478	0.0427	0.0514
400	0.0487	0.0517	0.0527	0.0614
600	0.0741	0.0853	0.0934	0.1047

不同频率下响应时间试验结果如表6.7所示。从试验数据看，频率为 200 Hz 时对应的响应时间明显大于另外两种频率对应的响应时间，这样就可以验证优化分析中得到的电机以 200 Hz 频率运行时在初始阶段活塞杆位移会有延迟的结论。因此，综合考虑响应时间和精度，选择 400 Hz 较为合适。

表6.7　不同频率下响应时间试验结果

频率/Hz	80 个脉冲误差/s		160 个脉冲误差/s	
	缩回	伸出	缩回	伸出
200	0.036	0.043	0.039	0.047
400	0.012	0.016	0.017	0.016
600	0.010	0.013	0.014	0.014

3. 脉冲量

通过调整输入脉冲量可提高活塞杆定位精度，在测试软件中输入相应脉冲量进行试验验证，结果如表 6.8 所示。从试验数据看，采用调整策略后可以得到降低定位误差的效果，调整后的定位误差均小于单个脉冲的控制量。

表 6.8　脉冲调整策略试验结果

指令位移/mm	理论脉冲量	实际位移/mm	调整脉冲量	调整后位移/mm
1	80	1.0517	72	1.0087
1.5	120	1.5562	114	1.5061
2	160	2.0614	153	2.0109

6.4.3　设备验证试验

为了进一步验证仿真模型和试验系统的结果，本节利用某大型设备上的数字液压缸，结合位移传感器和上位机测试软件进行位移精度试验。

1. 试验方法

位移传感器采用型号为 0-25 的千分测微计，该型测微计采用容栅测量系统，测量量程为 12 mm，分辨率为 1 μm，工作电压为 5 V，数据更新速度为 100 次/s，满足工作条件要求。采用串口连接的方式输出数据到分集线器中，分集线器将采集到的数据发送到上位机测微计数据处理软件中，软件可以同时完成 4 个通道的位移测量，具有数据自动和手动采集功能，可以实时显示数据变化，并完成对测量数据的保存、导出，测量仪器连接如图 6.33 所示。

图 6.33　测量仪器连接图

2. 测试步骤

（1）将传感器安装在设备待测数字液压缸处，如图 6.33 中图左所示，接通分集线器电源，在上位机测量系统中选择打开串口，并选择自动采集。

（2）启动油源车供油泵向设备液压系统供油，控制竖向安装的升降油缸和水平安装的横移油缸进行相应动作，测量系统完成数据采集及保存，如图 6.33 中图右所示。

3. 数据处理及分析

将试验数据导入 Origin 中进行处理，得到的位移曲线如图 6.34、图 6.35 所示。由于上位机软件的采集步长只能达到 0.05 s，而试验系统可以达到 0.001 s，这样每次运动采集到的数据点与试验系统相比较少，因此绘制的曲线与试验系统得出的曲线在走势上有一定的差距。从定位误差结果上看，横移数字液压缸的误差小于升降数字液压缸的误差；在误差数值上，动作 1 mm 和 2 mm 的误差大小区别不大；横移数字液压缸的定位误差在 0.04～0.07 mm 范围内，升降数字液压缸的定位误差在 0.07～0.10 mm 范围内。这个结果与前面试验系统和模型仿真得到的结果一致。

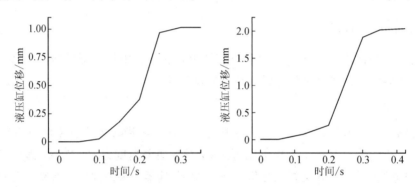

图 6.34　升降数字液压缸位移曲线

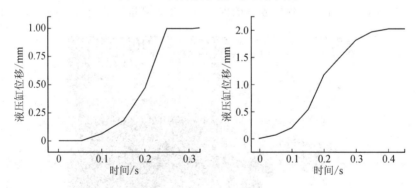

图 6.35　横移数字液压缸位移曲线

参 考 文 献

［1］　张海平.实用液压测试技术［M］.北京：机械工业出版社，2018.

［2］　刘有力，马长林，潘荣安，等.数字液压缸联合仿真与试验研究［J］.机床与液压，2019（5）：57-60.

［3］　王栋梁.滑阀驱动式数字液压缸的静动态特性分析与研究［D］.兰州：兰州理工大学，2013.

[4] 邱法维,沙锋强,王刚,等.数字液压缸技术开发与应用[J].液压与气动,2011(7):60-62.

[5] 高钦和,马长林.液压系统动态特性建模仿真技术及应用[M].北京:电子工业出版社,2013.

[6] 郭旭升.基于 AMESim 的数字液压缸建模与动态特性仿真[D].天津:天津大学,2012.

[7] 陈佳,邢继峰,彭利坤.基于传递函数的数字液压缸建模与分析[J].中国机械工程,2014,25(1):65-70.

[8] 林云峰,朱银法,王松峰,等.电液步进油缸特性的理论分析及试验研究[J].液压与气动,2015(5):113-117.

[9] 颜晓辉,何琳,徐荣武,等.电液步进缸的跟随特性研究[J].液压与气动,2015(1):123-127.

[10] 陈佳,邢继峰,彭利坤.数字液压缸非线性动态特性分析及试验[J].机械科学与技术,2016,35(7):1035-1042.

[11] 肖志权,彭利坤,邢继峰,等.数字伺服步进液压缸的建模分析[J].中国机械工程,2007,18(16):1935-1938.

[12] 徐世杰,楼京俊,彭利坤.考虑不确定参数及外部扰动数字液压缸非线性鲁棒位置跟踪控制[J].海军工程大学学报,2015,27(2):74-79.

[13] 郑雄胜,章海.考虑非线性影响的液压数字油缸频响分析[J].现代机械,2008(3):41-43.

[14] 李永堂,雷步芳,高雨苗.液压系统建模与仿真[M].北京:冶金工业出版社,2003.

[15] 张乔斌,宋飞.数字液压缸跟踪误差特性仿真分析[J].机床与液压,2015,43(7):157-160.

[16] 彭利坤,宋飞,邢继峰,等.数字液压缸阀芯特性研究[J].机床与液压,2012(20):62-65.

[17] 宋飞,楼京俊,徐文献,等.某型数字液压缸阀芯遮盖形式仿真研究[J].机床与液压,2015,43(19):200-202.

[18] 潘炜,彭利坤,邢继峰,等.数字液压缸换向冲击特性研究[J].液压与气动,2012(2):77-81.

[19] 宋飞,邢继峰,黄浩斌.基于 AMESim 的数字伺服步进液压缸建模与仿真[J].机床与液压,2012,40(15):133-136.

[20] 裴翔,李胜,阮健,等.2D 数字伺服阀的频响特性分析[J].机床与液压,2001(4):11-13.

[21] 彭利坤,肖志权,邢继峰,等.新型数字液压 2 自由度摇摆台建模与试验研究[J].机械工程学报,2011,47(3):159-165.

[22] YAO B, BU F, REEDY J, et al. Adaptive robust motion control of single-rod hydraulic actuators: theory and experiments [J]. IEEE/ASME transactions on mechatronics, 2002, 5(1):79-91.

[23] 史小波.DYJ001 型结晶器振动电液步进缸设计及特性研究[D].兰州:兰州理工大学,2010.

[24] 张利平.液压控制系统及设计[M].北京:化学工业出版社,2007.

[25]　霍亚东.大型正铲液压挖掘机工作装置机液联合仿真及优化[D].秦皇岛：燕山大学，2017.

[26]　王春行.液压控制系统[M].北京：机械工业出版社，2011.

[27]　董荣宝，谢吉明.电液步进缸测试方法的探讨[J].液压与气动，2018(6)：76 - 78.

[28]　李世伦，陈爱民，骆涵秀，等.高速数控步进液压缸系统的研究[J].机床与液压，1995(6)：311 - 314.

[29]　刘少辉，林少芬，陈清林，等.液压系统压力波动与冲击的动态仿真试验研究[J].机床与液压，2009，37(11)：195 - 198.